高等学校网络空间安全专业"十三五"规划教材

工业控制系统信息安全

赖英旭　杨震　范科峰　刘贤刚　刘静　杨胜志　**编著**

西安电子科技大学出版社

内 容 简 介

本书对工业控制系统、工业控制系统信息安全、重点工业控制系统信息安全事件、工业控制系统信息安全关键技术、工业控制系统信息安全防护建设等内容进行了比较深入的分析。在安全事件分析部分,详细介绍了安全事件的工作机理;在安全防护应用方面,重点阐述了常见的工业控制系统信息安全关键技术,包括工业控制系统入侵检测技术、工业控制系统漏洞扫描与挖掘技术、工业防火墙技术,并以示例方式介绍了工业控制系统信息安全防护建设工作。

本书通俗易懂,注重可操作性和实用性,通过对典型工业控制系统信息安全事件案例的讲解,读者能够举一反三。本书可作为广大计算机用户、计算机安全技术人员的技术参考书,特别是可用作信息安全、计算机与其他信息学科本科生的教材,同时也可作为计算机信息安全职业培训教材。

图书在版编目(CIP)数据

工业控制系统信息安全/赖英旭等编著. —西安:西安电子科技大学出版社,2019.5
ISBN 978 - 7 - 5606 - 5238 - 2

Ⅰ. ① 工… Ⅱ. ① 赖… Ⅲ. ① 工业控制系统 Ⅳ. ① TP273

中国版本图书馆 CIP 数据核字(2019)第 029816 号

策划编辑 陈 婷
责任编辑 宁晓青 陈 婷
出版发行 西安电子科技大学出版社(西安市太白南路 2 号)
电 话 (029)88242885 88201467 邮 编 710071
网 址 www.xduph.com 电子邮箱 xdupfxb001@163.com
经 销 新华书店
印刷单位 陕西天意印务有限责任公司
版 次 2019 年 5 月第 1 版 2019 年 5 月第 1 次印刷
开 本 787 毫米×1092 毫米 1/16 印张 10.75
字 数 246 千字
印 数 1~3000 册
定 价 32.00 元
ISBN 978 - 7 - 5606 - 5238 - 2/TP

XDUP 5540001 - 1

前　言

随着信息化和工业化的深度融合，工业控制系统(Industrial Control System，ICS)逐渐整合了信息技术与互联网技术，在提高企业工作效率的同时，也增加了工业控制系统的安全风险。近年来，针对工业控制系统的网络攻击行为越来越频繁。由于工业控制系统是国家关键基础设施的组成部分，工业控制系统网络的安全关系到国家安全，因此，工业控制系统网络安全成为了安全领域重点研究的问题。本书主要介绍工业控制系统信息安全事件及针对安全事件所采用的关键技术，重点分析典型工业控制系统信息安全事件的运行机制，并采用大量案例讲解工业控制系统信息安全关键技术的应用。

本书共七章。

第一章：工业控制系统技术基础。本章主要介绍国内外主要的工业控制系统种类，重点介绍国际上广泛使用的工业控制系统网络协议，并通过介绍可编程逻辑控制器使读者更加清晰地理解工业控制系统的工作流程。

第二章：工业控制系统信息安全概述。本章先介绍工业控制系统常见攻击行为和攻击事件，着重介绍工业控制系统脆弱性，并分析工业控制系统脆弱性产生的原因，最后介绍目前国内外工业控制系统信息安全现状。

第三章：重点工业控制系统信息安全事件分析。为了让读者更充分了解工业控制系统信息安全事件的特点、危害和攻击过程，本章详细分析了伊朗核电站攻击事件、乌克兰电力系统攻击事件、某石化公司 SCADA 系统攻击事件、国内企业遭遇"黑天鹅"安全门、波兰航空公司的地面操作系统遭黑客攻击事件。

第四章：工业控制系统入侵检测技术。本章详细分析工业控制系统入侵检测技术与传统网络入侵检测技术的区别，重点介绍变种攻击检测、隐蔽过程攻击检测、基于仿真的控制器异常检测技术、基于行为的入侵检测技术、基于遗传算法的入侵检测技术等关键技术，并介绍工业控制系统入侵检测技术的研究进展。

第五章：工业控制系统漏洞扫描与挖掘技术。本章介绍工业控制系统安全漏洞与传统系统安全漏洞的差别、工业控制系统漏洞扫描技术、工业控制系统漏洞挖掘技术及其研究进展。

第六章：访问控制/工业控制专用防火墙。本章介绍国外工业控制防火墙各产品的技术特点、国内工业控制防火墙各产品的技术特点、工业控制防火墙与传统防火墙的区别和联系。

第七章：工业控制系统信息安全防护建设示例。本章通过电力发电行业案例介绍工业控制系统信息安全防护建设的要点，从而为构建安全网络体系提供解决方案。

本书由北京工业大学的赖英旭、杨震、刘静、杨胜志和中国电子标准研究院的范科峰、刘贤刚共同编写，其中第一、二章由范科峰、杨震编写，第三章由范科峰、刘贤刚编写，第四、五章由赖英旭、刘静编写，第六章由杨胜志编写，第七章由杨震、范科峰编写，全书习题由杨胜志编写，最后由赖英旭和杨胜志统稿。

本书从各种论文、书刊以及互联网中引用了部分资料，在此向相关作者表示感谢，同时也衷心感谢李健老师在文字录入和整理过程中所提供的帮助。

由于作者水平有限，书中难免存在疏漏和不妥之处，恳请读者批评指正，以使本书再版时得以改进和完善。

作　者

2018 年 12 月于北京

目　　录

第一章　工业控制系统技术基础

工业控制系统(Industrial Control System，ICS)简称工控系统，是国家关键信息基础设施的重要组成部分，并已广泛运用于工业、能源、交通、水利以及市政等领域。其中核设施、钢铁、有色、化工、石化、电力、先进制造、水利枢纽、环境保护、轨道交通、民航，以及城市供水、供气、供热等是工业控制系统信息安全管理的重点领域。

1.1　工业控制系统

工业控制系统是由计算机设备与工业过程控制部件组成的自动控制系统。工业过程控制部件对实时数据进行采集、监测，在计算机调配下，实现设施自动化运行和业务流程管理与监控。工业控制系统结构主要分为控制中心、通信网络和控制器组。典型工业控制系统结构图如图 1-1 所示。

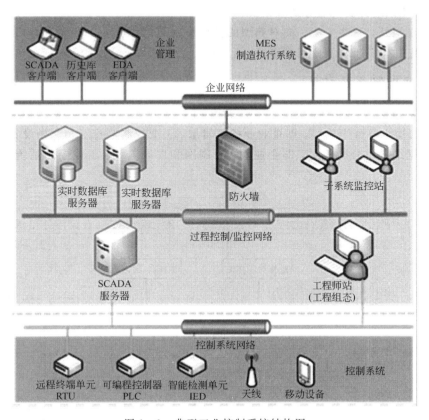

图 1-1　典型工业控制系统结构图

1.1.1　工业控制系统种类

ICS 是各种类型控制系统的总称，包括数据采集和监控系统（Supervisory Control And Data Acquisition，SCADA）、分布式控制系统（Distributed Control System，DCS）、可编程逻辑控制器（Programmable Logic Controller，PLC）和其他控制系统。SCADA 是用于地理上分散的控制系统，DCS 是一个被广泛用于过程生产的集成控制系统，PLC 是广泛应用于 SCADA 和 DCS 的控制工业设备和过程的控制组件。作为工业控制系统的重要组件，SCADA、DCS 和 PLC 各具特点，一直以来，这些系统被应用在不同的工业领域，在国家的重点基础工程项目的建设中，成为了不可缺少的成分之一。

（1）SCADA 系统：包含数据采集和监控两个层次的基本功能。SCADA 经通信网络与人机交互界面进行数据交互，可以对现场的运行设备实时监视和控制，以实现数据采集、设备控制、测量、参数调节以及各类信号报警等。常见的 SCADA 系统结构如城市煤气管网远程监控、电力行业调度自动化及城市排水泵站远程监控系统等。

（2）DCS 系统：相对于集中式控制系统而言的一种新型计算机控制系统，由过程控制级和过程监控级组成的以通信网络为纽带的多级计算机系统，其基本思想是分散控制、集中操作、分级管理，广泛应用于流程控制行业，例如电力、石化等。

（3）PLC：用以实现工业设备的具体操作与工艺控制，通常在 SCADA 或 DCS 系统中通过调用各 PLC 组件实现业务的基本操作控制。

除以上介绍外，一些生产厂商对典型的控制系统进行改造，生产出了符合特定工作环境、满足特定生产工艺的工业控制系统。

1.1.2　工业控制系统结构

虽然 ICS 包括 SCADA 系统、DCS 系统和 PLC 系统等，但是它们有统一的网络架构。ICS 的层次结构主要分为三层，即企业业务逻辑层、工业控制监控层和现场设备层；ICS 的网络层次根据结构也分为三层，即企业网、控制网和现场总线。工业控制系统结构图如图 1-2 所示。

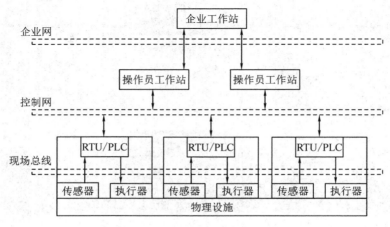

图 1-2　工业控制系统结构图

企业网是传统的信息系统组成的网络，负责企业内部信息的管理和业务逻辑的处理，为用户提供可视的门户信息、企业信息和产品信息，为员工提供可操作的业务信息管理。

控制网负责连接监控级别的控制模块与数据采集级别的控制模块，为物理设施提供控制、监控和管理功能，为企业信息网提供连接、生产信息的收集和生产管理的能力，如现场监控画面、控制参数调整、实时数据库和历史数据库等。

现场总线将传感器、执行器和其他设备连接到 PLC 或其他的控制器上，消除了控制器和每个设备之间的点到点连接的需要。现场总线负责与设备之间使用各种协议与控制器通信，在传感器与控制器之间、执行器与控制器之间发送和接收信息。

1.1.3　工业控制系统与 IT 系统

最初的 ICS 与 IT 系统不同，ICS 是一个独立的系统，使用的是专用的控制协议以及特定的软硬件。但近年来，应用更广、成本更低的网络技术正在逐渐取代这种专用的解决方案。目前 ICS 普遍采用 IT 解决方案来推动企业的互联和远程访问，一方面，这一技术路线使得 ICS 能够支持新的 IT 能力，打破了 ICS 的"信息孤岛"状态，实现了数据的共享联通；另一方面，ICS 的网络化也增加了其面临的信息安全风险，而当前普遍应用的信息安全解决方案都是用于解决典型 IT 系统的，因此把这些信息安全解决方案直接移植到 ICS 环境中要非常谨慎，必须全面考虑 ICS 的特殊性，形成符合 ICS 特性的信息安全解决方案。

ICS 的特殊性要求包括以下几点。

1. 性能要求

ICS 与 IT 系统在性能要求上具有较大差异，ICS 通常采用实时通信。在系统设计与建设时，延迟和抖动都必须限定在可接受的范围内，因此对 ICS 来说，为保证其实时性，系统一般不能使用高流量的通信方式。与此相反，IT 系统通常要求高流量的通信方式，并且可以忍受很大程度上的延迟和抖动现象。

2. 可用性要求

为保证生产过程的连续性，最大限度地降低生产成本，ICS 大多要求全年不间断工作，因此 ICS 非预期停机带来的经济损失是不可接受的。一般情况下，ICS 的停机必须提前规划并按照规划时间表严格执行，在 ICS 部署上线前，必须完成详尽的测试工作，确保 ICS 的可用性。另外，ICS 通常都会进行冗余设计，通过备份来增加系统的可靠性，备份系统并行运行以防止 ICS 出现未知故障。相对而言，IT 系统中的传统技术如重启系统等是 ICS 不可接受的解决方案。

3. 风险管理要求

IT 系统信息安全防护中最为关注的是数据的保密性和完整性，而 ICS 更为关注人员安全、生产安全、环境危害等，这就要求 ICS 的运行、维护和管理人员要深刻理解功能安全和信息安全之间的重要关系。

4. 体系结构要求

在 IT 系统中，无论集中式还是分布式操作系统，其信息安全防护工作主要关注的是 IT 系统中存储与传输的数据信息。对于 ICS，PLC、DCS 控制器、操作员站等系统核心终端需要特别防护。IT 系统和 ICS 在体系结构的防护对象和防护目标上存在本质的不同。

5. 物理安全要求

传统 IT 系统对环境一般没有特殊影响，而 ICS 在物理上会产生较为复杂的相互作用，例如由于系统漏洞引发的信息安全威胁，可能会对环境产生恶劣影响，从而引发安全生产事故。因此，对于 ICS 所集成的信息安全功能必须通过严格的上线检测，从而保证这些新技术、新功能不会影响正常的 ICS 功能。

6. 时间响应要求

传统 IT 系统在实现安全访问控制时可以不必过分要求系统的时间响应，但是对一些 ICS 而言，自动响应时间或者人机交互响应时间要求是非常苛刻的，例如为保证人工界面 HMI(Human Machine Interface, HMI)设备的终端安全，需要使用密码授权和身份认证，但是这些安全功能不能阻碍或干扰 ICS 的紧急动作，要确保关键紧急动作的信息流不被中断或干扰。

7. 操作系统安全要求

传统的 IT 系统安全控制措施不完全适用于 ICS 操作系统，工业网络通常更为复杂，由于实时性、可用性、可靠性的要求，ICS 中的软硬件很难及时进行补丁升级。

8. 运算资源要求

ICS 通常为资源受限系统，在设计之初并不包含典型的信息安全防护功能，ICS 组件没有可用于实现信息安全防护功能的资源。此外，在某些情况下，根据供应商许可和售后服务协议，ICS 不允许使用第三方信息安全技术解决方案进行安全加固。如果用户在未经供应商许可的情况下使用了第三方信息安全技术解决方案，可能导致供应商停止提供后续运维服务。

9. 通信要求

ICS 在工业现场使用的通信协议与传统 IT 系统存在着巨大差别，尤其在工业现场总线层面，数据传输大多数依赖专用协议，目前包括的主流专用协议包括 Modbus、Profibus、DNP、IEC 60870 - 5 - 104、OPC 等。

10. 配置变更要求

对于 ICS 而言，未进行补丁管理是造成信息安全问题的主要原因之一。对于传统 IT 系统，安全运维人员基于自动工具，可以将正确的安全策略和规程通过补丁进行及时更新，有效弥补系统中存在的安全防护问题。但 ICS 的软硬件补丁更新往往无法及时完成，一是 ICS 提供商需要根据生产业务流程对补丁进行完备的可用性测试，确保补丁更新不会影响企业正常业务；二是 ICS 进行补丁更新须明确列入系统计划时间表，等待系统停机检修，补丁时效性往往无法有效保障；三是多数 ICS 连续运行时间长，使用的信息化软硬件设备版本过旧，供应商不再支持提供补丁更新，而企业运维人员进行配置变更、缺陷修复、策略调整等工作时，需要控制工程师、安全工程师进行有效指导，系统评估变更管理工作。

11. 技术支持要求

传统 IT 系统具备良好的可扩展性，能够支持多元化的技术路线。对于 ICS 技术服务，大多数由单独的供应商提供，不同供应商之间的技术方案无法进行有效的融合和扩展，在安全技术支持上，运维和管理人员需要进行系统评估，确保技术方案的可实施性。

12. 系统生命周期要求

传统 IT 系统的生命周期受技术发展约束较大，一般来说，系统生命周期在 3～5 年内。对于 ICS，由于系统的设计、研发、使用与现实生产工艺结合紧密，使用场景具有很强的特定性，因此 ICS 的生命周期一般在 15～20 年，甚至更长。这就要求系统在连续运行能力上有更为完备的设计和集成工艺。

13. 访问连接要求

传统 IT 系统通常能够进行直接有效的连接访问，但是 ICS 的访问往往存在地域上的分离，需要使用特殊的设备和技术进行安全远程访问。

1.1.4　工业控制系统的"安全"——security 和 safety

工业控制系统属于信息物理融合系统（cyber-physical system），而 IT 系统通常属于信息系统（cyber system），从信息安全目标这一根本原则来看，传统的 CIA 原则（机密性、完整性和可用性）已不再适用于工业控制系统，工业控制系统的安全目标应遵循可用性、完整性、机密性等原则。

基于上述文献的分析以及对工业控制系统的理解，ICS 与 IT 系统的区别如表 1-1 所示。

表 1-1　IT 系统和 ICS 对比

分　类	IT 系统	ICS 系统
性能要求	• 非实时性 • 响应必须是持续性的 • 需要高吞吐量 • 高的延迟和抖动是可接受的	• 实时性 • 实时响应 • 一定程度的吞吐量是可接受的 • 高的延迟或抖动是不可接受的
可用性要求	• 重新启动是可以接受的 • 根据系统操作要求，可用性的不足通常是可以容忍的	• 由于生产过程可用性要求，类似重新启动这样的响应是不能接受的 • 根据可用性要求，需要冗余系统 • 断电要提前数天/数周进行计划和确定时间表 • 高可用性要求进行完全彻底的测试
风险管理要求	• 首先保证数据保密性和完整性 • 故障容忍不是第一重要的；瞬间停机不是主要风险 • 主要风险来自商业动作的延迟或中断	• 首先保证人身安全，其次才是保护生产过程 • 第一重要的是故障容忍，甚至瞬间停机也是不能接受的 • 主要风险是监管违规，环境破坏，人、财、物的损失

分　类	IT 系统	ICS 系统
安全保障目标	• 主要是保护 IT 资产，以及在这些资产中存储或传输的信息 • 中央服务器需要更多保护	• 主要目标是保护现场系统（如 PLC、DCS 等） • 对中央服务器的保护也很重要
非预期后果	• 传统 IT 系统有信息安全解决方案	• 一定要测试信息安全工具（ICS 的离线测试），以确保它们不会影响到正常的 ICS 操作
时间关键相互作用	• 很少有关键紧急事件 • 限制访问控制可以通过对信息安全要求的程度来实现	• 对人员和其他紧急事件的响应是非常关键的 • 对 ICS 系统的访问要控制，但不应阻碍或干扰到人机交互
操作系统	• 使用典型的操作系统 • 应用自动化工具进行系统的直接升级	• 不同的或者专用的操作系统，通常没有内在的信息安全能力 • 更改软件要非常慎重，通常由软件供应商进行，因为涉及特定的控制算法以及可能会修改相应的硬件和软件
资源限制	• 系统有足够的资源以支持诸如来自第三方的信息安全解决方案	• 系统支持固定的工业生产过程，因而没有足够的内存或资源支持信息安全能力
通信	• 标准的通信协议 • 主要是有线网络，局部可能会有无线通信能力 • 典型的 IT 网络规程	• 很多专用的和标准的通信协议 • 多种类型的通信媒介，包括有线和无线（无线电和卫星） • 网络结构复杂（现场层、控制层、管理层等）
变更管理	• 软件变更多样性，并且有着很好的信息安全策略和规程。过程是自动进行的	• 软件更新要进行测试并且逐步布置到系统中，以确保控制系统的可维护性 • ICS 的断电要进行计划和确定时间表 • ICS 也可能使用没有技术支持的操作系统
技术支持	• 允许多样化的服务	• 技术支持只有供应商独立进行
部件生命周期	• 一般是 3～5 年	• 一般是 15～20 年
部件访问	• 通常是本地，并且易于访问	• 通常是分离的、远程的，并且需要其他的物理媒介才能够进行访问
系统特征	• 属于信息系统	• 属于信息物理融合系统
系统用途	• 信息化领域的管理运行系统	• 工业领域的生产运行系统
系统目的	• 人使用信息进行管理为中心的系统	• 生产过程进行控制为中心的系统

关于 security 和 safety 的区别、关系及融合是工业控制系统信息安全人员的一个常见而备受困惑的问题，很多文献对此进行了讨论。Pietre-Cambacedes 等从语言陷阱、文献调研、行业相关标准文献中的定义区分、词典编撰分析等对 security 和 safety 进行了全面的调研，从系统对比环境（S－E）和恶意对比意外（M－A）总结了 security 和 safety 之间的区别，提出了 SEMA 模型。ANSI/ISA－99 和 IEC 62443 等标准中指出安全（safety）系统主要考虑由于随机硬件故障所导致的组件或系统失效对健康、安全或环境（HSE）的影响；而安全（security）系统仍然意味着保护 HSE，但它们也意味着保护过程本身、组织机构专有信息、公众信息以及国家安全，在这些情况下随机硬件故障可能并不是根本原因。因此安全（security）系统有更广泛的应用、更广泛的后果集、更广泛的导致可能事件的环境集。

工业控制系统信息安全是控制领域和信息安全领域的融合，其安全的概念也是 security 和 safety 的融合，即：

（1）工业控制系统信息安全是从风险管理角度出发，系统地评估和分析工业控制系统所面临的各种威胁和漏洞，采取有针对性、合理地抵御威胁的防护对策和整改措施、防范和消控风险，将风险控制在合理、可接受的水平。

（2）工业控制系统信息安全将是 security 和 safety 的融合，从威胁来看，不仅要研究 safety 领域中物质、设备、工艺过程的危险性，还要进一步综合考虑黑客、有组织犯罪等人为因素的威胁；从漏洞来看，不仅要考虑随机硬件故障等失效性，还要进一步综合当前系统和设备中的软件、硬件等技术漏洞以及管理制度、策略、流程等管理漏洞；从后果来看，不仅要考虑对健康、安全或环境（HSE）的影响，还要进一步考虑安全对企业自身、对社会公众甚至对国家安全所造成的影响和后果。

1.2　工业控制系统网络协议

工业控制系统中使用的协议有很多种，本节将简要介绍几种常用的工业控制网络协议。

1.2.1　Modbus 协议

Modbus 用于不同类型的总线或网络连接设备之间的客户机/服务器通信。Modbus 被广泛应用并且是我国的标准工业通信协议。Modbus 的通信栈如图 1－3 所示。Modbus 主要有三种实现方式：基于令牌网的 Modbus Plus、基于串口的 Modbus RTU/ASCII 和基于以太网的 Modbus TCP。

Modbus TCP 是一个请求/响应模型的工业网络协议，它包括客户机和服务器端，并且互联网组织为服务端保留了 502 端口。客户机根据用户应用生成一个 Modbus 请求，然后等待响应。服务器一直等待请求，当接收到 Modbus 请求以后，执行读、写或其他操作，然后生成 Modbus 响应。Modbus TCP 协议的报文格式，如图 1－4 所示，MBAP Header 表示 Modbus 应用协议报文头，为 7 个字节，包含事务处理标识符（Transaction Identifier）、协议标识符（Protocol Identifier）、长度（Length）和单元标识符（Unit Identifier）四个部分。

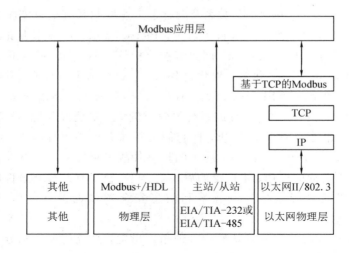

图 1-3　Modbus 的通信栈

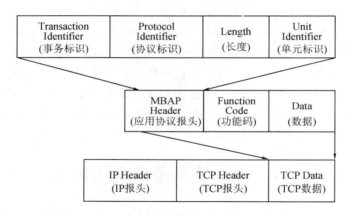

图 1-4　Modbus TCP 协议报文格式

（1）事务处理标识符：用于标识每对请求响应会话，为 2 个字节，其中响应报文中事物处理标识符是从请求报文中复制得来的。

（2）协议标识符：用于标识不同的协议，为 2 个字节，其中 0 表示 Modbus 协议。

（3）长度：用于标识下一个域的字节数，包括单元标识符和数据域的长度，为 2 个字节。

（4）单元标识符：用于标识不同的 Modbus 通信设备，为 1 个字节。

功能码字段（Function Code）：用于标识各类操作，为 1 个字节。功能码主要有三个分类，即公共功能码、用户定义功能码和保留功能码。

公共功能码是保证唯一的、MB IETF RFC 公开证明可用的功能码，其范围是 1～64、73～99 和 111～127，主要包含一些数据访问功能，如表 1-2 所示，例如：比特访问的 01、02、05 和 15 功能码，提供读/写一个或多个线圈功能；16 比特访问的 03、04、06、16、22 和 23 功能码等，提供读/写一个或多个寄存器功能。

用户定义功能码的范围是 65～72 和 100～110，是用户自己选择和实现的功能码，不需要 Modbus 组织的任何批准，但是不能保证被选功能码使用的唯一性，只能用户组织内部使用。

保留功能码的范围是 128～255，是一些公司对传统产品通常使用的功能码，并且是对公共使用无效的功能码。

数据字段(Data)是对应功能码的寄存器或线圈值。

表 1－2　常用公共功能码表

数据访问	访问功能描述	读/写功能描述	功能码	功能子码	十六进制码
比特访问	物理离散量输入内部比特或物理线圈	读输入离散量	02		02
		读线圈	01		01
		写单个线圈	05		05
		写多个线圈	15		0F
16 比特访问	输入存储器内部存储器或物理输出存储器	读输入寄存器	04		04
		读多个寄存器	03		03
		写单个寄存器	06		06
		写多个寄存器	16		10
		读/写多个寄存器	23		17
		屏蔽写寄存器	22		16
文件访问	文件记录访问	读文件记录	20	6	14
		写文件记录	21	6	15
设备访问	设备识别	读设备识别码	43	14	2B

1.2.2　Profinet 协议

Profinet 是由 PROFIBUS 国际组织(PROFIBUS International，PI)提出的用于工业自动化控制的实时以太网标准，既能够支持实时性较高的工业自动化系统和基于以太网通信模式的现场设备之间的分散式集成，同时又能够支持基于组件的工业自动化系统的分布式集成。其通信协议的架构如图 1－5 所示。

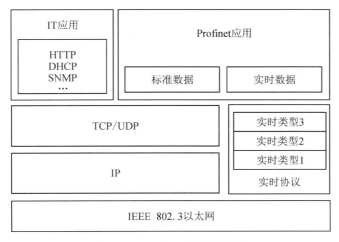

图 1－5　Profinet 协议架构图

Profinet 的通信协议中将应用层的数据分为非实时数据和实时数据,以满足工业自动化系统通信和控制的要求。非实时数据和实时数据无论是控制和通信的要求还是使用的场景都各不相同。非实时数据即标准数据,对实时性要求不高,使用传统的以太网通道进行通信,常用于实现信道的组态、互联数据的加载、诊断数据的读取、非周期数据的交换和设备的参数化等。而实时数据对实时性要求很高,使用 Profinet 优化的实时通道进行通信,常用于实现用户数据的高性能传输、周期数据交换、事件触发的周期性数据传输以及等时同步数据的高性能传输。

由于数据包的传输时延与网络负载之间有很大的关联,而网络负载又是不确定的,因此,尽管工业以太网已经最大限度地提高了基于标准通信协议的实时性,也仍然不能避免通信过程中帧过载现象的出现,导致通信过程中处理器计算效率的降低和传输的时延,从而影响了发送周期,破坏了网络的实时性。因此,为了保证网络的实时性,Profinet 使用优化的信道进行实时通信。

1.2.3 DNP 3.0 协议

1. DNP 3.0 协议的特点

DNP 3.0(Distributed Network Protocol,分布式网络规约)是一种应用于自动化组件之间的通信协议,如今已发展至 DNP 3.0,常见于电力、水处理等行业。SCADA 可以使用 DNP 3.0 协议与主站、RTU 及 IED 进行通信。DNP 3.0 协议标准由美国电气和电子工程师协会(Institute of Electrical and Electronics Engineer,IEEE)提出,参考了 IEC 870 - 5,以及其他一些国际电工委员会(International Electro technical Commission,IEC)协议。该协议主要为了解决 SCADA 行业中协议混杂、没有公认标准的问题。

DNP 3.0 协议有一定的可靠性,这种可靠性可以用来对抗恶劣环境中产生的电磁干扰、元件老化等信号失真现象,但不保证在黑客的攻击下或者恶意破坏控制系统的情况下的可靠性。DNP 3.0 协议提供了对数据的分片、重组、数据校验、链路控制、优先级等一系列的服务,在协议中大量使用了循环冗余校验码(Cyclic Redundancy Check,CRC)来保证数据的准确性。DNP 3.0 协议的特点如下:

(1) DNP 3.0 是一种分布式网络协议,适用于要求高度安全、中等速率和中等吞吐量的数据通信领域。

(2) DNP 3.0 以 IEC 870 - 5 标准为基础,非常灵活,满足目前和未来发展的要求,且与硬件结构无关。

(3) DNP 3.0 采用网络通信方式。

(4) DNP 3.0 支持点对点、一点多址、多点多址和对等的通信方式。

(5) DNP 3.0 支持问答式和自动上报数据传输方式。

(6) DNP 3.0 支持通信冲突碰撞避免/检测方式,能保证数据传输的可靠性。

(7) DNP 3.0 支持传送带时标的量,尤其有利于配电自动化系统采集分时电度值和分析事故原因。灵活采取适当的扫描方式,DNP 3.0 可以在一定程度上实现实时优先级。

2. DNP 3.0 的简化模型

DNP 3.0 使用的参考模型源于国际标准化组织-开放性的通信系统互联参考模型

(International Organization for Standardization-Open System Interconnection，ISO-OSI)。国际电工委员会(IEC)规定了一个简化了的模型，只包含有物理层、数据链路层、伪传输层与应用层，称之为工厂自动化用以太网(Ethernet for Plant Automation，EPA)。

1）物理层

物理层支持全双工和半双工方式。可以为点对点方式，也可以为一对多方式，物理层采用字节同步，通信参数可以通过维护软件进行设置。

2）数据链路层

数据链路层规约文件规定了 DNP 3.0 的链路规约数据单元(Link Protocol Data Unit，LPDU)，以及数据链路服务和传输规程。数据链路层采用一种可变帧长格式——FT3。一个 FT3 的帧包括一个固定长度的报头和可变长的数据块。每个数据块附有一个 16 位的 CRC 校验码。固定的报头含有 2 个字节的起始字、1 个字节的长度、1 个字节的控制字、1 个 16 位的目的地址、1 个 16 位的源地址和 1 个 16 位的 CRC 校验码。

主站、分主站、外站和智能电子设备(Intelligent Electronic Device，IED)都能使用本数据链路在始发站和接收站之间传递报文。在规约中，主站、分主站、外站和智能电子设备都既可作始发站也可以作为接收站。

IEC TC57 所推出的 IEC 870-5-1 和 IEC 870-5-2 关于远动系统内数据传输的标准是开发 DNP 3.0 数据链路层的基础。

DNP 3.0 的数据链路层可适用于面向连接的和面向非连接的操作，异步的或同步的位串型物理层，诸如串行通信接口 RS-232、RS-485 以及光纤收发器。采用全平衡的传输规程支持来自外站、智能电子设备或分主站之自发型传输。

3）伪传输层

伪传输层实际上是一个超数据的链路规约，它应该是 OSI 数据链路的一部分。然而，DNP 3.0 数据链路层存在不支持数据链路的功能，所以将它们移出数据链路形成伪传输层。

伪传输层功能专门设计用于始发站和接收站之间传送超出链路规约数据单元定义长度的信息。

4）应用层

DNP 3.0 的应用层规约数据单元(Application layer Protocol Data Unit，APDU)在 TC-57 WG 03 拟定的 IEC 870-5-3 及 IEC 870-5-4 草案中被定义。在结构上，用户发送应用程序的用户数据给应用层，并在应用层将它转换为应用服务数据单元 ASDU。IEC 870-5-3 规定每个 ASDU 被前置以应用程序规约控制信息 APCI，然后打包成一个 APDU。在 DNP 3.0 内，则每个 APDU(它是多 APDU 的一个部分)被视作一个分段(FRAGMENT)，且具有以下的限定条件，即每个分段仅包含完整的数据对象，以及在同一报文或同一应用层规约数据单元 APDU 多个分段的应用规约控制信息(Application Protocol Control Information，APCI)的功能码是一致的。这就是说，在 APDU 之内不必再作信息对象的分割以及在报文中对每个对象都必须请求同一种操作。这是为了保证每个分段本身是可处理的，并且也隐示每个 ASDU 仅包含完整的数据对象。反过来说，应用层收到一个应用层规约数据单元 APDU，通过解析就可得到 ASDU，再将多个 ASDU 组装入应用程序的用户数据。

这里，主站被定义为发送请求报文的站，而外站则为从属设备。被请求回送报文的远程控制终端(RTU)或智能终端(IED)是事先规定了的。在 DNP 3.0 内，只有被指定的主站能够发送应用层的请求报文，而外站则只能发送应用层的响应报文。

1.2.4　OPC 协议

OPC(Object Linking and Embedding for Process Control，用于过程控制的对象连接与嵌入技术(OLE))是针对现场控制系统的一个工业标准接口，是工业控制和生产自动化领域中使用的硬件和软件的接口标准。OPC 基于微软的 OLE(现在的 Active X)、COM(部件对象模型)和 DCOM(分布式部件对象模型)技术，包括自动化应用中使用的一整套接口、属性和方法的标准集，用于过程控制和制造业自动化系统。它提供工业自动化系统中独立单元之间标准化的互联互通，顺应了自动化系统向开放、互操作、网络化、标准化方向发展的趋势。

1. OPC 规范

OPC 规范包括数据访问服务器接口规范、历史数据访问服务器接口规范、事件与报警服务器接口规范、批处理服务器接口规范和 XMLDA 可扩展标记语言数据访问服务器接口规范等一系列标准规范。现在成熟并发布的 OPC 规范主要包括数据存取规范、报警和事件处理规范以及历史数据存取规范。

2. OPC 的设计目的

OPC 的设计目的：在控制领域中，系统往往由分散的各子系统构成并且各子系统往往采用不同厂家的设备和方案。用户需要将这些子系统集成，并形成统一的实时监控系统架构。这样的实时监控系统需要解决分散子系统间的数据共享，各子系统需要统一协调相应控制指令。再考虑到实时监控系统往往需要升级和调整，各子系统就需要具备统一的开放接口。

OPC 就是以不同供应厂商的设备和应用程序之间接口标准化、其间数据交换简单化为目的而提出的。作为结果，可以向用户提供不依靠于特定开发语言和开发环境的、可以自由组合使用的过程控制软件组件产品。OPC 最重要的设计目的是即插即用，也就是采用标准方式配置硬件和软件接口；一个设备可以很容易地加入现有系统并立即投入使用，不需要复杂的配置，且不会影响现有的系统。

3. OPC 的优缺点

与早期的现场设备接口相比，OPC 具有如下优点：

(1) 减少了重复开发；

(2) 降低了数据设备间的不兼容；

(3) 降低了系统集成商的开发成本；

(4) 改善了性能。

虽然 OPC 接口具有种种优势，但是如果直接通过 OPC 连接实时数据库依然存在如下问题：

（1）OPC 标准中包含了 OPC History 标准，但是多数 OPC 服务器并未给予支持，所以难以为实时数据库提供数据缓存功能；

（2）OPC 服务器无法提供一些常用的计算功能，如累计、滤波和几个位号相加的综合计算功能，增加了实时数据库的负担，影响了实时数据库的稳定性；

（3）OPC 基于微软的 COM/DCOM 体系，在分布式应用中其所用的远程过程调用（Remote Procedure Call Protocol，RPC）方式常常与企业级的防火墙发生冲突，且不能通过防火墙。

4. OPC 技术的作用

OPC 技术对工业控制系统的影响是基础性和革命性的，简单地说，它的作用主要表现在以下几个方面：

（1）解决了设备驱动程序开发中的异构问题。有了 OPC 后，由于有了统一的接口标准，硬件厂商只需提供一套符合 OPC 技术的程序，软件开发人员也只需编写一个接口，而用户可以方便地进行设备的选型和功能的扩充，只要它们提供了 OPC 支持，所有的数据交换都通过 OPC 接口进行，而不论连接的控制系统或设备是哪个具体厂商提供的。

（2）解决了现场总线系统中异构网段之间的数据交换问题。现场总线系统仍然存在多种总线并存的局面，因此系统集成和异构控制网段之间的数据交换面临许多困难。有了 OPC 作为异构网段集成的中间件，只要每个总线段提供各自的 OPC 服务器，任一 OPC 客户端软件都可以通过一致的 OPC 接口访问这些 OPC 服务器，从而获取各个总线段的数据，并可以很好地实现异构总线段之间的数据交互。而且，当其中某个总线的协议版本做了升级，也只需对相对应总线的程序作升级修改。

（3）可作为访问专有数据库的中间件。实际应用中，许多控制软件都采用专有的实时数据库或历史数据库，这些数据库由控制软件的开发商自主开发。对这类数据库的访问不像访问通用数据库那么容易，只能通过调用开发商提供的应用程序接口（Application Program Interface，API）函数或其他特殊的方式。然而不同开发商提供的 API 函数是不一样的，这就带来和硬件驱动器开发类似的问题——要访问不同监控软件的专有数据库，必须编写不同的代码，这样显然十分繁琐。采用 OPC 则能有效解决这个问题，只要专有数据库的开发商在提供数据库的同时也能提供一个访问该数据库的 OPC 服务器，那么当用户要访问时只需按照 OPC 规范的要求编写 OPC 客户端程序，而无需了解该专有数据库特定的接口要求。

（4）便于集成不同的数据。OPC 便于集成不同的数据，为控制系统向管理系统升级提供了方便。当前控制系统的趋势之一就是网络化，控制系统内部采用网络技术，控制系统与控制系统之间也采用网络连接，组成更大的系统，而且，整个控制系统与企业的管理系统也采用网络连接，控制系统只是整个企业网的一个子网。在实现这样的企业网络过程中，OPC 也能够发挥重要作用。在企业的信息集成方面，包括现场设备与监控系统之间、监控系统内部各组件之间、监控系统与企业管理系统之间以及监控系统与 Internet 之间的信息集成，OPC 作为连接件，按一套标准的 COM 对象、方法和属性，为信息流通和交换提供了便利。无论是管理系统还是控制系统，无论是 PLC（可编程控制器）还是 DCS，或者是 FCS（现场总线控制系统），都可以通过 OPC 快速可靠地彼此交换信息。换句话说，OPC 是整个企业网络的数据接口规范，所以，OPC 提升了控制系统的功能，增强了网络的功能，提高了企业管理的水平。

（5）使控制软件能够与硬件分别设计。OPC 使控制软件能够与硬件分别设计、生产和发展，并有利于独立的第三方软件供应商的产生与发展，从而形成新的社会分工，有更多的竞争机制，为社会提供更多更好的产品。

OPC 作为一项逐渐成形的技术已得到国内外厂商的高度重视，许多公司都在原来产品的基础上增加了对 OPC 的支持。

1.3　可编程逻辑控制器

可编程逻辑控制器（Programmable Logic Controller，PLC）是工业控制系统中最普遍，也是最关键的控制器之一。

1.3.1　可编程逻辑控制器结构

PLC 是一种以微处理器为核心的嵌入式计算机，使用数字操作，并可将预先编制的程序存储在存储器内部，并在运行过程中动态读取内部存储的指令程序。PLC 的结构通常如图 1-6 所示。

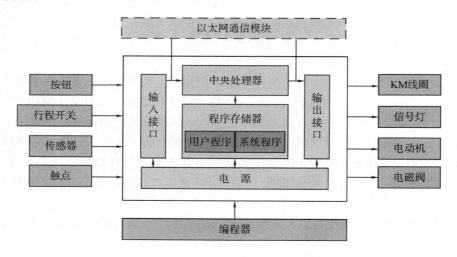

图 1-6　可编程逻辑控制器的结构

1. 中央处理器

中央处理器（CPU）是整个 PLC 的核心部件，它通过总线与存储单元、输入/输出单元连接。CPU 用扫描方式采集（由现场输入装置送来的）状态或数据并放入输入映像寄存器中。在运行过程中，CPU 将控制程序编译后，根据中间代码，计算并输出映像寄存器的内容。

2. 存储单元

存储单元又称存储器，包含系统程序存储器和用户程序存储器。系统程序存储器用来保存 PLC 内部程序，是由硬件开发商编写，且一般用户无法修改。用户程序存储器用来保存用户编写的控制程序和执行过程中的变量信息。

3．输入/输出单元

输入/输出单元是将 PLC 与现场各种输入、输出设备衔接的结构。输入单元通过输入端子接收设备的输入信号，并将这些信号转换成数字信号。输出单元用于把用户程序计算的数据结果转换为电信号输出到 PLC 外部。

4．以太网通信模块

以太网通信模块是除了传统输入/输出单元外另一种同 PLC 进行通信的接口。以太网模块除了可以将数据写入到输入/输出映像寄存器外，还可以直接读取存储单元中的状态数据、读/写用户程序、控制 PLC 运行状态以及配置 PLC 运行参数等。

1.3.2　可编程逻辑控制器的工作原理

PLC 采用循环扫描的工作方式，工作流程如图 1-7 所示。

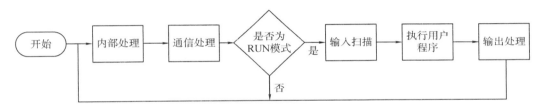

图 1-7　可编程逻辑控制器的工作流程

1．内部处理

在这一阶段，CPU 检测主机硬件。如果发现异常，则停机并显示出错；若自诊断正常，则继续向下扫描。

2．通信处理

在通信处理阶段，CPU 自动检测并处理各通信端口接收到的信息，如上位机组态软件的控制命令、编程器指令等设备指令。

3．输入扫描

输入扫描阶段对输入端子的电信号进行扫描，将所有电信号转换为数字信号，并将数字信号分别写入对应的映像寄存器中。

4．执行用户程序

执行阶段从 PLC 中读取用户程序并从第一条指令开始按顺序取指令并执行。执行指令时，PLC 从输入映像寄存器中读取各输入点的数字信息，按照指令规定的操作对数据进行运算，然后将运算结果输出到输出映像寄存器中。

5．输出处理

在该阶段，将输出映像寄存器中的数字信号转化为电信号，从输出点中输出，以电信号的方式驱动被控设备。

习　题

一、填空题

1. SCADA 全称是（　　　　），翻译为（　　　　）；DCS 全称是（　　　　），翻译为
（　　　）；PLC 全称是（　　　），翻译为（　　　）。

2. ICS 的结构主要分为三层，包括（　　　）、（　　　）、（　　　）。

3. Modbus TCP 是一个请求/响应模型的工业网络协议，它包括（　　　）和
（　　　），并且互联网组织为服务端保留了（　　　）端口。

4. OPC 全称是（　　　　），即用于过程控制的 OLE，是针对现场控制系统的一个工
业标准接口，是工业控制和生产自动化领域中使用的硬件和软件的接口标准。

5. PLC 采用（　　　）工作方式。

二、思考题

1. 与传统以太网络相比，工业控制网络有哪些特征？

2. 工业控制系统都有哪些常见协议？举出至少三个，并简要说明。

3. 简要说明 PLC 的工作流程。

第二章　工业控制系统信息安全概述

2.1　工业控制系统的常见攻击行为

在工业控制系统中，常见的攻击行为包括拒绝服务攻击、控制逻辑代码篡改、中间人攻击和重放攻击。

1. 拒绝服务攻击

拒绝服务攻击按照攻击机制可以分为两种：一种是资源耗尽式的拒绝服务攻击；另一种是异常式的拒绝服务攻击。两种攻击方式在传统的网络中十分常见，随着工业控制系统的开放，发生拒绝服务攻击的风险也在不断上升。工业控制系统中的拒绝服务攻击以异常式的拒绝服务攻击为主，它主要利用控制器和网络协议的安全漏洞构造异常的数据包，导致控制器接收到数据包后解析异常或堆栈溢出，进而达到拒绝服务攻击的目的。典型的拒绝服务漏洞如 CVE - 2014 - 5074、CVE - 2015 - 2822 等。

2. 控制逻辑代码篡改

通常来说，改变控制器的逻辑代码也是实现拒绝服务攻击的另一种变形，但是相比之下更难被察觉。攻击者可以通过多种手段修改控制器中的程序代码，如"震网"病毒 Stuxnet 通过控制组态软件实现对 PLC 中控制逻辑代码的篡改，CVE - 2014 - 2249 利用跨站请求伪造漏洞直接远程执行未授权的操作来实现代码篡改。

3. 中间人攻击

中间人攻击的原理是在数据包传输的过程中进行截获，将数据包中的内容篡改之后发出。因为控制网络为了保证实时性，所以一般的协议数据包都没有加密，对于中间人攻击来说大大降低了攻击成本。这一类的攻击无需利用设备或者协议的漏洞，但是易受环境因素影响。Stuxnet 攻击中两次利用了中间人攻击原理：一次是篡改组态软件对控制器的读写请求，注入恶意程序代码；另一次是篡改了控制器发出的数据包，实现了恶意代码的隐藏。同样，如果不修改控制器中的控制逻辑代码，仅仅篡改控制器向被控对象发出的控制数据，同样可以达到使原有控制逻辑失效的作用。

4. 重放攻击

现有的工业控制系统由于大量采用分布式部署方式，所以通常控制器和被控对象之间采用无线网络作为通信介质，这给重放攻击提供了便利。相比中间人攻击，重放攻击无需拦截数据包，只需按照数据包的格式重构数据包即可。此类攻击者只需要接入 WIFI，并伪造虚假的传感器数据就可以造成控制器由于输入中包含脏数据而无法计算出正确的输出值，对被控对象造成影响。

2.2　工业控制系统的安全事件

随着信息化的推动和工业化进程的加速，计算机和计算机网络等技术在工业控制中的应用日益广泛，许多工业设备均已配备各种类型的现场总线通信接口和各种类型的工业以太网通信接口，具有强大的上行、下行网络通信能力。然而，工业控制系统的智能化、网络化发展在推进工业生产发展的同时，也带来了诸多的安全隐患。

近年来，针对工业控制系统的各种网络攻击事件日益增多，尤其在 2000 年之后，随着通用协议、通用硬件和通用软件在工业控制系统中的应用，对过程控制和数据采集监控系统的攻击增长了近 10 倍，暴露出工业控制系统在安全防护方面的严重不足。据工业安全事件信息库（RISI）以及工业控制系统网络应急响应小组（ICS－CERT）的统计，工业控制系统的安全事件的数目逐年增长，如图 2－1 所示。

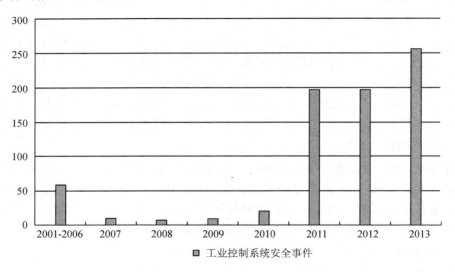

图 2－1　工业控制系统的安全事件统计图

由图 2－1 可以看出，工业控制系统的安全事件在 2010 年后呈现井喷式发展。其中，2010 年的 Stuxnet 事件将工业控制系统安全问题推向了风口浪尖。国内外多家媒体相继报道了 Stuxnet 蠕虫对西门子公司的数据采集与监控系统 SIMATIC WinCC 进行攻击的事件，称其为"超级病毒"、"超级工厂病毒"，并形容成"超级武器"、"潘多拉的魔盒"。

Stuxnet 蠕虫在 2003 年 7 月开始爆发，它是第一个直接破坏现实世界中工业基础设施的恶意代码。它利用了微软操作系统中至少 4 个漏洞，其中有 3 个全新的零日漏洞，伪造了驱动程序的数字签名，通过一套完整的入侵和传播流程，突破工业专用局域网的物理限制，利用 WinCC 系统的 2 个漏洞，对其开展破坏性的攻击。

据赛门铁克公司的统计，截止到 2010 年 9 月，全球已有约 45 000 个网络被 Stuxnet 蠕虫感染，其中 60％的受害主机位于伊朗境内。伊朗政府已经确认该国的布什尔核电站遭到 Stuxnet 蠕虫的攻击。

从"震网"Stuxnet 事件中可以看出，工业控制系统的信息安全的核心问题就是工业控制系统的漏洞。与传统的 IT 系统的漏洞不同，工业控制系统的漏洞一旦被利用将直接造成经济损失、爆炸甚至人员伤亡。漏洞挖掘是解决工业控制系统安全的根本，它可以在危险发生之前就发现工业控制系统中存在的安全问题，然后采取防护措施，防止漏洞被利用造成严重的后果。

2.2.1　工业控制系统安全问题产生的原因

1. 工业控制系统自身特点所致

工业控制系统的设计开发并未将系统防护、数据保密等安全指标纳入其中，再者工业控制网络中大量采用传输控制协议/网际协议（TCP/IP）技术，而且工业控制系统网络与企业网络连接，防护措施的薄弱（如 TCP/IP 协议缺陷、工业应用漏洞等）导致攻击者很容易通过企业网络间接入侵工业控制系统。

经统计，工业控制系统遭入侵的方式多样，其入侵途径以透过企业广域网及商用网络方式为主，除此之外还包括通过工业控制系统与因特网的直接连接，经拨号调制解调器、无线网络、虚拟网络连接等方式。

2. 工业控制系统设备的通用性

在工业控制系统中多采用通用协议、通用软件硬件，这些通用设备的漏洞将为系统安全带来极大隐患。

首先，组态软件作为工业控制系统监控层的软件平台和开发环境，针对不同的控制器设备其使用具有一定的通用性。目前使用比较广泛的有 WinCC、Intouch、IFix 等，在国内，组态王在中小型工业控制企业中也占有一定份额。Stuxnet 病毒事件即为利用西门子 WinCC 漏洞所致。

另外，通信网络是工业控制系统中连接监测层与控制层的纽带，目前工业控制系统多采用 IEC 61158 中提供的 20 种工业现场总线标准，例如 Modbus 系列（Modbus - TCP 和 Modbus - RTU 等）、Profibus 系列（Profibus - DP、Profibus - FMS）、Ethernet 等，可见只要利用这些通用协议的缺陷、漏洞即可入侵工业控制系统，获得控制器及执行器的控制权，进而破坏整个系统。控制器设备则主要采用西门子、罗克韦尔、霍尼韦尔、施耐德等公司产品，因此这些通信协议及通用控制器所具有的漏洞极易成为恶意攻击的突破口（如施耐德电气 Quantum 以太网模块漏洞可以使任何人全方位访问设备的硬编码密码）。

3. 入侵、攻击手段的隐蔽性

对工业控制系统的入侵和攻击手段大多都极为隐蔽，木马和蠕虫病毒的潜伏周期较长，待发现时已对企业国家造成严重损失。据金山网络安全事业部的统计报告显示，一般的防御机制需要 2 个月的时间才能确认针对工业控制系统的攻击行为，对于更为隐蔽的 Stuxnet 及 Duqu 病毒，则需要长达半年之久。

2.2.2　工业控制系统的安全应对措施

1. 建立工业控制环境的测试床

从现有工业控制系统的上线过程看，在验收环节只验收功能实现，缺乏对信息安全的验证环节。在现有的验收规范中，加入信息安全的要求，相关规范的落实情况需要进行验证，并且在保证有效的前提下，才能得到应用。而现场的验证，一方面在不确定安全风险的情况下，存在一定的不确定性，需要在相关的测试床进行充分验证后，才能逐步形成规范要求；另一方面，当遇到现场安全事件时，事件的复现和分析仍然需要有测试床进行支持。采用主流的组态软件和控制器搭建工业控制测试床环境，对相关规范的落地和相关安全软件及补丁的分发进行处理，逐步探索控制器在虚拟化环境中的迁移，逐步向完全仿真发展。

2. 常态化的风险评估

一方面，工业控制系统的信息安全风险评估属于风险评估范畴，因此它继承了通用信息安全风险评估中建立工业控制系统的安全管理体系的相关内容。另一方面，由于工业控制系统的特殊性，需要充分借鉴 IEC 62443 和 NIST SP800 - 82 在风险评估中的建议，采用对工业控制现场无影响的安全手段对工业控制系统存在的安全隐患进行检测，如采用被动式的漏洞检测技术等。

3. 建立应急响应体系

建立针对工业控制系统安全的应急响应体系。当出现安全事件时，需要采用适用于工业控制系统的应急预案。在建立工业控制系统的安全应急预案时，需要人员、技术、资金等方面全面到位。

（1）要以坚持预防为主。提高信息安全防护意识和水平，加强信息系统安全体系建设，积极做好日常安全工作。开展安全教育和培训工作，建立完善的安全管理、监督和审查制度，提高应对突发信息安全事件的能力。

（2）要提高快速反应能力。建立信息安全预警和事件快速反应机制，建立高效的事件汇报渠道，强化人力、物力和财力储备，增强应急处理能力。保证对信息安全事件做到早发现、早报告、早处理、早恢复。

（3）要责任到人、完善工作流程。明确信息安全应急响应工作的角色和职责，保证各项工作责任到人。建立应急响应各项工作的处理流程，实现应急响应工作的规范化、制度化和流程化。

2.3　工业控制系统的脆弱性

目前学术界还未对工业控制系统的脆弱性进行明确定义，因此参考传统信息系统脆弱性的相关概念，将 ICS 脆弱性定义如下：工业控制系统的脆弱性是指在策略管理、工业软硬件、工业网络协议等方面存在相关的缺陷与不足，这些缺陷与不足被攻击者加以利用，从而可以获得系统的非法控制权，或会对工业控制系统产生一定的破坏。

由于资源受限和环境封闭等原因，工业控制系统设计之初缺乏对网络安全性的充分考虑。现代 ICS 与信息技术结合发展，潜在安全问题逐渐暴露出来。分析工业控制系统的脆弱性，研究有效的防护手段和工具，对于维护国家基础设施安全、避免安全损失等具有重要的意义。

ICS 脆弱性主要可以从政策管理手段、工业控制平台和工业控制网络三个方面考虑。

1. ICS 在安全防护策略及管理方式上存在不足

追求可用性而牺牲安全，这是很多工业控制系统存在的普遍现象，缺乏完整有效的安全策略与管理流程是当前我国工业控制系统的最大难题，很多已经实施了安全防御措施的 ICS 网络仍然会因为管理或操作上的失误，造成 ICS 系统出现潜在的安全问题。

目前公布的工业控制系统信息安全标准，如国际标准 IEC 62443 系列、IEC 62351 系列，以及我国制订的大部分工业控制系统信息安全标准体系，都处于投票或者完善过程中，因此还未在工业控制安全领域广泛应用。现代工业控制系统需要新的安全策略和更加科学的管理方式，不光要注重相关操作人员的技术培养，更要加强安全学习，提高意识，从而减少由于错误管理操作而引发的工业控制系统的安全问题。

作为信息安全管理的重要组成部分，制订满足业务场景需求的安全策略，并依据策略制订管理流程，是确保 ICS 系统稳定运行的基础。参照 NERC CIP、ANSI/ISA - 99、IEC 62443 等国际标准，目前我国安全策略与管理流程的脆弱性表现为以下几点：

（1）缺乏 ICS 的安全策略。

（2）缺乏 ICS 的安全培训与意识培养。

（3）缺乏安全架构与设计。

（4）缺乏根据安全策略制订的正规、可备案的安全流程。

（5）缺乏 ICS 安全审计机制。

（6）缺乏针对 ICS 的业务连续性与灾难恢复计划。

（7）缺乏针对 ICS 配置变更管理。

2. 现有的工业控制平台存在安全隐患

随着 TCP/IP 等通用协议与开发标准引入工业控制系统，开放、透明的工业控制系统开辟出广阔的想象空间。理论上绝对的物理隔离网络因为需求和业务模式的改变而不再可行。

目前，多数 ICS 网络仅通过部署防火墙来保证工业网络与办公网络的相对隔离，各个工业自动化单元之间缺乏可靠的安全通信机制，例如基于 DCOM 编程规范的 OPC 接口不能使用传统的 IT 防火墙来确保其安全性。数据加密效果不佳，工业控制协议的识别能力不理想，加之缺乏行业标准规范与管理制度，工业控制系统的安全防御能力十分有限。

旨在保护电力生产与交通运输控制系统安全的国际标准 NERC CIP 明确要求，实施安全策略、保障资产安全是确保控制系统稳定运行的最基本要求。将具有相同功能和安全要求的控制设备划分到同一区域，区域之间执行管道通信，通过控制区域间管道中的通信内容是目前工业控制领域普遍被认可的安全防御措施。

另一种容易忽略的情况是，由于不同行业的应用场景不同，其对于功能区域的划分和安全防御的要求也各不相同，而对于利用针对性通信协议与应用层协议的漏洞来传播的恶意攻击行为更是无能为力。更为严重的是，工业控制系统的补丁管理效果始终无法令人满意，考虑到 ICS 补丁升级所存在的运行平台与软件版本限制，以及系统可用性与连续性的硬性要求，ICS 系统管理员绝不会轻易安装非 ICS 设备制造商指定的升级补丁。与此同时，工业控制系统补丁动辄半年的补丁发布周期，也让攻击者有较多的时间来利用已存在的漏洞发起攻击。据统计，2010～2011 年间，已确认的针对工业控制系统攻击，从攻击代码传播到样本被检测确认，传统的安全防御机制通常需要 2 个月左右的时间，而对于 Stuxnet 或更隐蔽的 Duqu 病毒，其潜伏期更是长达半年之久。无论是针对工业系统的攻击事件，还是更隐蔽且持续威胁的 APT 攻击行为，基于黑名单或单一特征比对的信息安全解决方案都无法有效防御，更不要说利用零日漏洞的攻击行为。而 IT 领域广泛采用的主动防御技术，因为其存在较大的误杀风险，并不适用于工业控制系统的高性能作业。目前，唯有基于白名单机制的安全监测技术是被工业控制系统用户普遍认可的解决方案。

3. 工业控制网络存在潜在的脆弱性问题

通用以太网技术的引入让 ICS 变得智能，也让工业控制网络越发透明、开放、互联，TCP/IP 存在的威胁同样会在工业网络中重现。此外，工业控制网络的专属控制协议更为攻击者提供了了解工业控制网络内部环境的机会。确保工业网络的安全稳定运营，必须针对 ICS 网络环境进行实时异常行为的"发现、检测、清除、恢复、审计"一体化的保障机制。

当前 ICS 网络主要的脆弱性集中体现为以下几点：

（1）边界安全策略缺失。

（2）系统安全防御机制缺失。

（3）管理制度缺失或不完善。

（4）网络配置规范缺失。

（5）监控与应急响应制度缺失。

（6）网络通信保障机制缺失。

（7）无线网络接入认证机制缺失。

（8）基础设施可用性保障机制缺失。

工业控制系统的脆弱性从整体上可以分为以下几个方面：

（1）远程访问控制对工业控制系统的巨大信息安全威胁。

一方面，SCADA 系统等工业控制系统需要监控大量远程设备，工业控制系统需要开启远程维护等服务，这些远程访问在设计之初往往都未考虑安全问题；另一方面，通过安全检查发现许多的工业控制系统产品存在后门，如美国通用 GE 公司向我国许多电厂核心控制系统提供的 OSM 远程维护设备，私自加装了控制模块软件，不仅可获得全部业务数据，实现对发电机组的双向远程操控，而且具备可随时关闭发电机组的条件，对与其相连的电力自动调度系统的安全也构成潜在威胁。

工业控制系统的交换机、服务器及客户端、各类接口都存在非法接入或破坏等安全隐患。数控网络系统与办公局域网之间的信息交互，存在未授权用户的非法访问等问题。服务器和客户端的操作系统、数据库等，错误或不合理的安全配置可能导致用户权限设置不合理。我国数控网络系统主要依赖于国外软硬件厂商，可能存在木马、后门、设计缺陷、安全漏洞等。数控网络系统与办公局域网之间可能存在恶意访问，如果通过办公网络直接控制数控机床，未经授权更改指示、命令或报警阈值，或通过数控机床访问办公网络导致办公信息泄露，并存在管理脆弱性，如管理规章制度不健全或制度执行不彻底，管理人员技术水平不高或安全意识淡薄。

（2）技术壁垒严重，安全意识不强。

各厂商私有的状态软件、搭载组态软件的操作系统及系统上同时运行的其他应用程序存在大量的已知漏洞。部分操作人员安全意识不强，未及时安装更新补丁，或为了保证环境稳定性担心更新补丁会对组态软件造成感染而不愿意安装。同时还有大量未知漏洞被恶意隐瞒，使得控制网络层的工作站极易被利用作为攻击跳板。

（3）控制器控制逻辑易被篡改。

控制网络与工业控制网络之间不安全的无线通信，使得攻击者可以利用可编程控制器的弱口令等安全问题，跳过管理员和组态软件直接实现对 PLC 等可编程控制器的控制。同时，上位机的安全漏洞亦可以被黑客用做控制 PLC 的跳板。一旦获得 PLC 的控制权，PLC 中内部代码可能被修改，无法保证工业控制网络层数据的可信，无法保证控制逻辑被有效地执行。

（4）无法保证数据可信性。

工业控制网络层和控制网络层的通信没有采用安全的通信协议，无法进行安全的身份验证和通信加密，使得攻击者可以修改或编造通信内容对上位机和下位机进行欺骗，造成上位机无法及时发现下位机异常，或影响下位机的计算结果，严重的导致拒绝服务攻击。

因此，工业控制系统面临的脆弱性风险主要来自主观威胁和客观威胁。主观威胁是指基于恶意目的对工业控制系统发起的攻击行为。客观威胁是指由于非恶意原因引起的，但是对工业控制系统造成影响或者破坏的行为。表 2-1 总结了工业控制系统面临的主要威胁。

表 2-1　工业控制系统面临的主要威胁

威胁分类	威胁主题	详细介绍
主观威胁	内部员工	是工业控制系统主要的安全威胁之一。内部员工因为利益原因或者心存对企业不满等而盗取企业内部数据，或将远程控制程序安放于内部网络中，抑或恶意修改程序代码、数据等破坏行为都会对工业控制系统造成重大影响。内部员工可以是雇员、合作伙伴、外包程序开发人员
	黑客组织	民间的黑客组织，此类黑客通常不以任何的商业为目的，而是为了窥探内部数据，掌握工业控制系统后进行"恶作剧"性的行为。通常不会对工业控制系统造成严重破坏
	竞争对手	以恶意的攻击或窃取商业机密为主
	商业间谍	通常以隐秘的方式获取特定的商业信息，不会盲目地展开攻击行为
	军事组织或国家组织	通常具有强大的人力和物力支持，可以不受一般法律的限制，研制出武器级别的 APT 攻击手段。通常此类威胁的发起者掌握着常人或组织所不了解的"0day"漏洞，攻击行为难以被有效发现和拦截。震网病毒 Stuxnet 很可能就是此类攻击行为。这种威胁一旦形成可以说是严重威胁国家安全的
	恐怖分子	通常不计代价地对关键基础设施进行破坏，以达到其政治目标。之前恐怖分子只能够通过物理手段进行破坏，但随着信息技术的发展，恐怖分子中也逐渐出现掌握黑客技术的人员
客观威胁	自然灾害及设备故障	不稳定或维护检查不当，使得生产过程中发生停机的，以及遇到自然灾害等不可抗拒因素导致生产无法继续的情况
	误操作	用户无意行为，但是对工业控制系统的正常运行造成了影响

主观威胁和客观威胁可以认为是影响工业控制系统信息安全的外部因素，除了这些外部因素，由于工业控制系统设计时未把信息安全当成重要问题考虑，也未考虑采用商业 IT

产品和系统、标准化以及考虑未来可能出现的与外界网络相连等问题，工业控制系统自身的封闭性和存在的大量安全漏洞也成了自身弱点。

Stuxnet 是针对工业控制网络高级持续性威胁（APT）攻击的典型代表之一，它的攻击过程很好地暴露了工业控制系统自身存在的安全脆弱性问题。通过对 Stuxnet 的分析发现，Stuxnet 在攻击发起时对上位机中安装的组态软件 step 7（step 7 是用于西门子 SIMATIC S7 - 300/400 站创建可编程逻辑控制程序的标准软件，可使用梯形图逻辑、功能块图和语句进行编程操作。）进行修改，替换其中的动态链接库文件（DLL），劫持原有 step7 包含 109 个函数中的 16 个；在 PLC 管理员没有察觉的情况下，利用开发人员升级程序代码的机会将恶意代码植入 PLC 中。同时，Stuxnet 对可能覆盖自身代码的写请求、对可能发现自己的读请求会进行拦截，修改发送至 PLC 或从 PLC 返回的数据，使其本体完全"隐形"。

2.4 工业控制系统安全防护体系

工业控制系统安全防护相关的知识体系如图 2-2 所示。

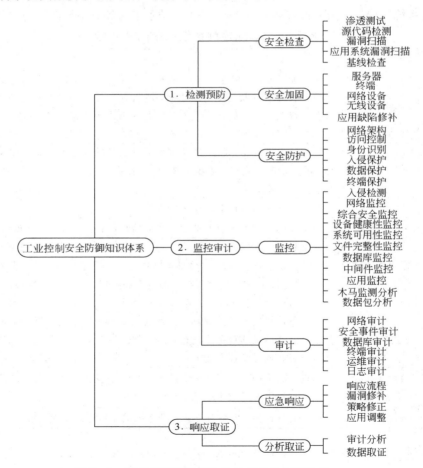

图 2-2 工业控制系统安全防护相关的知识体系

在构建一个具体工业控制系统时，可以参考 IEC 62443 标准所提出的纵深防御理念，在深入分析工业控制系统的系统架构、应用特点、安全现状、安全威胁以及安全需求的基础上，将纵深防御理念引入过程控制信息安全领域，结合具体工业控制的系统特点，重点研究网络分区与防护、系统加固与补丁管理等关键技术，提出切实可行的工业控制系统信息安全解决方案。

通过深入研究工业控制系统的系统特点与安全需求，可以得到系统分层及纵深防御信息安全体系，如图 2-3 所示。

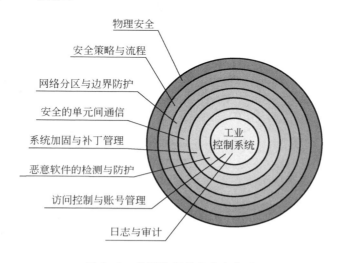

图 2-3　纵深防御信息安全体系

该模型在工业控制系统信息安全防护领域引入纵深防御的理念，可以确保工业控制系统的稳定可靠，防止来自内部或外部攻击，在不干扰业务的前提下，针对不同性质的安全威胁，分层次、系统地在工业控制系统中部署上述高安全性的防护措施。

1. 物理安全

通过门禁系统实现工厂的生产装置、设备、系统等的物理安全，未经授权人员不能接触或靠近生产装置。

2. 安全策略与流程

在安全治理的过程中，最为重要的是实现工业生产安全策略和流程的制订。工业控制系统信息安全不是一个单纯的技术问题，而是一个从意识培养开始，涉及管理、流程、架构、技术、产品等各个方面的系统工程。

3. 网络分区与边界防护

规划安全单元时，由于安全单元是工厂中一个具备独立功能的部分，在安全单元内部的成员相互信任，对于安全单元的访问只能通过明确定义的访问点，访问点受到监控并且有记录，安全单元内的所有成员是直接连接的，造成高网络负荷的成员直接集成在安全单元内部，如图 2-4 所示。

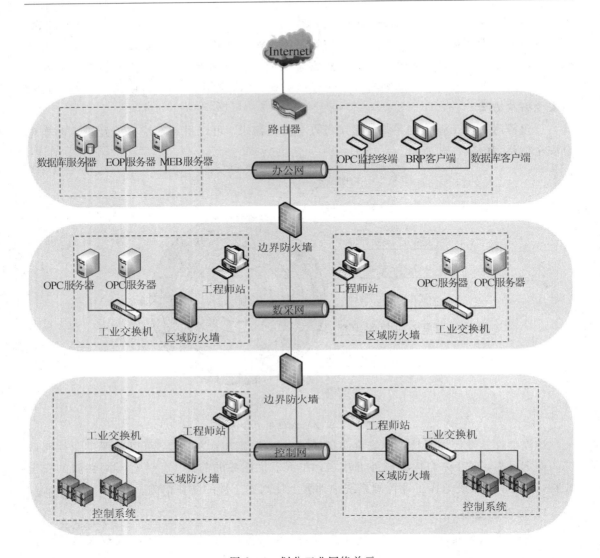

图 2-4　划分工业网络单元

4. 用防火墙分隔不同的安全单元

防火墙根据一定的规则检查和过滤数据，通过防火墙保障安全单元的访问点，在安全单元内部无需防火墙，如图 2-5 所示。

5. 安全的单元间通信

采用虚拟专用网络（Virtual Private Network，VPN）系统等技术实现安全的单元间通信。虚拟专用网络指在公用网络上建立专用网络的技术。之所以称其为虚拟网，主要是因为整个 VPN 网络的任意两个节点之间的连接并没有传统专网所需的端到端的物理链路，而是架构在公用网络服务商所提供的网络平台，如 Internet、ATM（异步传输模式）、Frame Relay（帧中继）等之上的逻辑网络，用户数据在逻辑链路中传输。它涵盖了跨共享网络或公共网络的封装、加密和身份验证链接的专用网络的扩展。VPN 主要采用了隧道技术、加解密技术、密钥管理技术和使用者与设备身份认证技术。

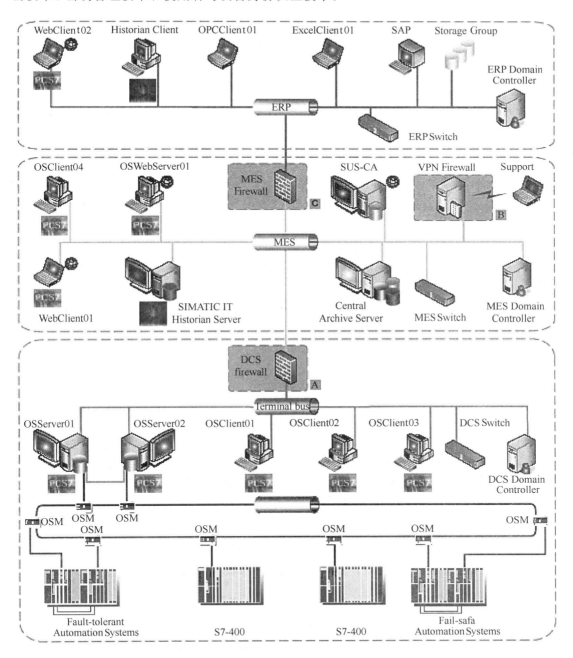

图 2-5　防火墙分隔网络单元

6. 工作组和活动目录域

目前大多数工业控制系统的计算机操作系统均基于微软公司的 Windows 平台。Windows 组成网络的模式有两种：工作组（Workgroup）和域（Domain）。大多数系统的组网方式是工作组模式，这带来了很大的安全隐患。而只有域模式是更加安全的组网模式，也是本技术方案所推荐采用的组网模式。

在工作组模式下，所有计算机是对等的，任何一台计算机只要接入网络，其他机器就可以访问共享资源，如共享上网等。尽管对等网络上的共享文件可以加访问密码，但是非常容易被破解。因此在工作组构成的对等网中，数据的传输是非常不安全的。在工作组模式下，每台计算机均有自己的 Windows 系统安全配置，不利于全厂统一安全配置，不利于检查和修改安全配置。每台计算机均有自己的用户账号，不利于对账号和密码进行管理和维护。

域的真正含义指的是域控制器控制网络上的计算机能否加入本网络。所有已授权的、合法的计算机信息和用户账号信息均储存在域控制器中，因此，任何人在任何计算机上要登录网络和计算机，均需要经过身份验证。域控制器管理了网络上所有计算机的安全配置，可以制订全厂统一的安全策略，实现网络上所有计算机的安全配置同步功能。在域控制器可以集中管理和维护域内所有计算机的用户账号和密码，对于需要定期修改密码的用户提供了很大的便利。活动目录域如图 2-6 所示。

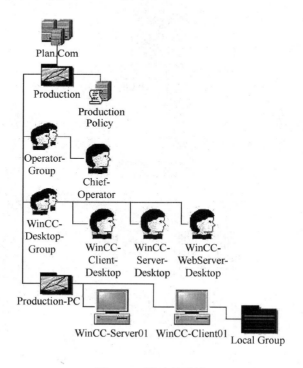

图 2-6　活动目录域

7. 系统加固与补丁管理

为了最大限度地保护计算机不受到病毒的侵害，需要安装与 DCS 系统兼容的杀毒软件，并且及时更新病毒库。另外，Windows 的补丁也需要及时更新才能保持操作系统的稳定和健康运行。西门子在德国的测试中心会将最新的 Windows 补丁与 PCS 7 系统的兼容性测试结果发布在网站上，维护人员根据这些信息可以选择安装补丁，如图 2 - 7 所示。

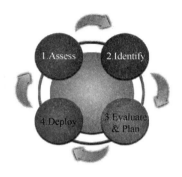

图 2 - 7　更新安全补丁

8. 恶意软件的检测和防护

恶意软件的种类繁多、变种更新频率很快。通常的防范措施是安装防毒软件及防火墙。但是，这些措施都只能对恶意软件的清除起到有限的作用。防病毒软件的病毒库只对已知的病毒起作用，因此需要及时更新病毒库。但更新病毒库的过程中如果操作不当，也会增加恶意软件的入侵来源。因此，恶意软件的检测和防护措施中最重要的是从源头上检测、控制恶意的入侵，从源头上堵住恶意软件。一旦恶意软件入侵了系统，如何阻断和限制恶意软件在系统内的传播，如何在不影响系统运行的情况下清除系统内的病毒就成了主要问题。

9. 访问控制与账号管理

执行严格的用户管理和统一的访问控制是整个信息安全方案中的核心部分，本方案采取域服务器对整个过程控制系统进行安全策略的统一管理。

访问控制与账号管理的定义是确保任何人未经授权就无法访问、操作过程控制系统的资源。严格的用户/访问管理是整个安全策略的核心部分之一。需要遵循最小权限原则；需要定期检查角色分配和权限；集中管理用户、密码和权限；需要明确角色和权限的分配。

远程访问推荐的方法：通过 VPN(虚拟专用网)和隔离网络接入，结合不同的安全技术认证和加密。

2.5　国外工业控制系统信息安全发展现状

工业控制系统技术研究起源于西方发达国家的工业革命，在工业化和信息化深度融合的大背景下，这些国家的工业领域普遍应用了工业控制系统，并早已实现工业自动化。目前，随着自动控制理论及技术的不断深入发展，先进控制、模糊控制、机器学习、人工智能等新技术广泛应用于新一代工业控制系统中，并逐渐呈现出与物联网、服务互联网、互联网金融等互联网的其他领域融合的趋势。无论是从设备应用的角度来看，还是从技术研发的深度和广度来看，西方发达国家在工业自动化领域都无疑处于领先地位，我国与其相比还存在非常大的差距。

2.5.1　国外工业控制系统安全研究现状

从世界范围来说，美国在计算机技术领域和工业自动化领域一直走在世界的前列，随着传统的计算机技术在工业自动化控制领域的延伸，美国率先开展了工业控制系统的安全保障工作，并一直在工业控制系统安全领域处于世界的领先水平。目前，我国正处于工业化和信息化融合的关键时期，基于工业控制系统安全状况的脆弱性以及攻击威胁的严重性，我国高度重视工业控制系统的安全问题，相关的主管部门正积极地开展工业控制系统安全的相关工作。

1. 国外关于工业控制系统安全的研究

美国在计算机技术领域和工业自动化领域一直处于主导地位，随着传统的计算机技术在工业自动化控制领域的延伸，美国率先从管理体制、技术体系以及标准法规等方面开展了工业控制系统的安全保障工作，并始终处于世界的领先水平。

美国早在20世纪初就对工业控制系统的安全问题高度重视，在政策层面上关注工业控制系统信息安全问题，并从各个方面积极地开展相关工作。例如，2002年美国国家研究理事会将"控制系统攻击"作为需要"紧急关注"的事项；2004年美国政府问责署发布"防护控制系统的挑战和工作"报告；2006年发布"能源行业防护控制系统路线图"。目前，美国已经形成了较为完整的工业控制系统安全管理体制、技术体系以及标准法规。

关于工业控制系统安全管理体制的研究，美国国土安全部（Department of Homeland Security，DHS）和能源部（Department of Energy，DOE）牵头，共同推进工业控制系统安全的管理体制的进一步完善。2003年，爱达荷国家实验室（INL）开始建立，2005年，爱达荷国家实验室的关键基础设施测试靶场（CITR）正式运行，其中，关键基础设施主要由SCADA和电力系统组成。同时，美国在国家层面上的工业控制系统信息安全工作还包括2个国家级专项计划，例如美国能源部（DOE）的国家SCADA测试床计划（NSTB）和美国国土安全部（DHS）的控制系统安全计划（CSSP）。

关于工业控制系统安全技术体系的研究，美国首先建立了模拟仿真平台，并将其作为工业系统控制安全领域中常用的验证模型，同时将实验室测试结果和现场测试结果结合起来。目前，这种测试机制已经成为工业控制系统安全领域中主要的测试方法。为了能够顺利开展工业控制系统安全工作，美国国土安全部成立了工业控制系统应急响应小组（ICS-CERT），致力于相关的技术研究，例如，恶意代码的检测与分析、相关安全事故的分析与响应、事故的现场支持和取证分析、安全态势和防御措施的分析与公示、信息产品的共享和安全预警以及漏洞信息与威胁的分析等。

关于工业控制系统安全标准法规的研究，美国的国家基础设施保护计划（NIPP）和《联邦信息安全管理法》等从国家的层面对工业控制系统安全提出了要求；同时，国家标准与技术研究所（NIST）发布了一系列工业控制系统安全相关的指南，例如，《联邦信息系统和组织的安全控制推荐》和《工业控制系统安全指南》等，从行业的层面对工业控制系统安全提出了要求。目前，美国已经形成了一套从国家到行业的完整的标准法规体系。

与美国相比，欧盟及欧洲各国的关键基础设施保护和工业控制系统信息安全的工作起步较晚。但是针对关键基础设施保护和工业控制系统信息安全，欧洲已经开展了一系列的大型专项计划，例如 2004 年至 2010 年欧共体委员会发布一系列关于关键基础设施保护的报告；欧洲网络和信息安全局（ENISA）在 2011 年 12 月发布《保护工业控制系统》系列报告，全面总结当前工业控制系统信息安全现状。

从行业来看，石油、天然气、电力及核设施等行业的行业协会及组织在工业控制系统信息安全方面都已经开展了大量工作。

2. 工业控制系统安全关键技术的研究

工业控制系统模拟仿真测试床是工业控制系统安全的关键技术。工业控制系统是生产运行系统，传统的 IT 系统风险评估中采用的漏洞扫描、渗透测试等侵入性方法会对系统运行产生影响。因此，工业控制系统深度安全测试必须在复制或备份系统上开展。工业控制系统模拟仿真测试床可分为以下 3 类。

1）采用复制方式建设的测试床

此类测试床在工业控制信息物理融合系统的信息空间和物理空间均使用复制方式，采用同现实世界完全相同的设备构建的大型测试床。例如建设完整的输电网络、电站等电网系统测试床，此类测试床投资巨大，是国家级开展工业控制系统信息安全综合研究的大型靶场。

最典型的例子是在前面提到的美国能源部国家 SCADA 测试床计划（NSTB）中所建设的 Idaho National Laboratory（INL）的关键基础设施测试靶场（CITR），CITR 是一个专门用于控制系统网际安全评估、标准改进、推广和培训的大规模测试床计划，包括一个全规模的电网、一个无线测试床和一个网际安全测试床等。其成果包括共性工业控制漏洞分类、已发布的控制系统安全评估经验总结、参与标准增强和开发，以及在先进计量基础设施中为无线系统开发的推荐采购语言等。

2）以复制和模拟为主、虚实结合的测试床

此类测试床是在工业控制信息物理融合系统的信息空间（第 1～3 层）使用真实商用设备采用复制和模拟方式进行建设的，物理空间采用仿真和物理模型方式建设，在第 0 层使用 2 种方法：一种方法是使用可操作的物理模型展示典型行业工艺过程环境；另一种是使用行业大型仿真软件来仿真行业工业过程。此类测试床综合考虑了成本、研究目的和内容之间的均衡，是当前工业控制系统模拟仿真测试的主要构建方法。

Hahn 等描述了美国爱荷华州立大学（Iowa State University，ISU）的 Power Cyber SCADA 测试床。PowerCyber 测试床使用真实设备构建了 2 个电力子站和 1 个控制中心，对电网物理过程使用了实时数字仿真器（Real Time Digital Simulator，RTDS）等电力行业专用仿真器。

英属哥伦比亚理工学院（British Columbia Institute of Technology，BCIT）工业仪表过程实验室构建了 SCADA 测试床，该实验床包括使用商用控制设备搭建的可运行的精馏塔、蒸发器、1 个批处理浆蒸煮器、1 个化学混合反应过程和电站锅炉。

另外，为解决工业控制系统模拟仿真测试床不同体系结构组件、模拟和仿真技术结合等互联问题，研究人员提出了基于联邦的模拟仿真虚实结合的体系框架。Bergman 等讨论了测试床间连接的安全连接性、性能、资源分配、再现性、保真性要求，并提出了虚拟电力系统测试床(Virtual Power System Testbed，VPST)体系结构。Chabukswar 等讨论了基于美国国防部的高层体系结构(High Level Architecture，HLA，现已成为 IEEE 标准)的 C2Wind Tunnel 工业控制系统仿真框架并仿真了分布式拒绝服务(Distributed Denial of Service，DDOS)攻击以分析攻击对系统的影响。

3）以仿真为主的测试床

此类测试床在工业控制信息物理融合系统的信息空间和物理空间均使用仿真技术，通常包括物理过程仿真器、网络仿真器和攻击仿真等。此方法为建模工业控制系统及相关攻击提供了一种相对低成本的方法，但由于缺乏组件设备及其实际交互的真实性，此方法多用于学术研究。

Queiroz 等提出了一种开源、模块化的 SCADA 建模测试床。它使用 OMNET＋＋仿真平台进行离散事件建模仿真，使用集成网络增强遥测技术(Intergrated Network Enhanced Telemetry，INET) 框架提供 TCP/IP 协议支持；使用 Lego Mindstorms NXT 来仿真 SCADA 的可编程逻辑控制器(PLC)等硬件设备；使用 libModbus 库建模 Modbus、工业控制网络流量；并选取水厂 SCADA 系统作为目标对象研究了分布式拒绝服务攻击场景。

Davis 等人使用 PowerWorld 电力行业仿真器、RINSE 网络仿真器等仿真工具构建电力系统模拟仿真测试床，并在测试床上开展攻击实验。Mallouhi 等描述了亚利桑那大学(University of Arizona)开发的分析 SCADA 控制系统安全的测试床(TASSCS)，使用自治软件保护系统(ASPS)检测和保护针对 SCADA 系统的信息安全攻击，建立了攻入 HMI 和拒绝服务攻击场景，并进行了实验。

对于其他行业过程的建模仿真，Cardena 等使用 Ricker 提出的 Tennessee-Eastman 过程控制系统(TE－PCS)模型和相关的多环 PI 控制律建模化工生产过程，并基于此测试床对传感器网络的隐蔽攻击、浪涌攻击、偏置攻击和几何攻击等攻击方式、检测方式及其对过程控制系统的影响进行了研究。

2.5.2　国外工业控制系统信息安全实验室

近年来，随着工业控制系统漏洞的曝光、超级病毒的攻击以及敌对势力的破坏，工业控制系统安全已成为各国信息安全关注的重点领域。美国尤其重视工业控制系统安全研究，主要有六个国家实验室对工业控制系统安全开展了系统、全面的研究，范围涵盖工业控制系统安全标准/协议制订、工业控制安全威胁和脆弱性研究、安全控制技术研发等，为美国工业控制系统安全管理工作提供有力支撑。

1. 爱达荷国家实验室

爱达荷国家实验室(Idaho National Laboratory，INL)于 1949 年成立，位于爱达荷，隶属美国能源部。INL 内设有恶意软件实验室，重点分析 Stuxnet 病毒。在 2008 年初，德国西门子公司和该实验室达成合作协议，同意让该实验室检查西门子公司用来控制操作工业机械的电脑控制程序。通过这次合作，INL 获得了掌握西门子工业自动控制系统漏洞的机会。

INL 的主要研究领域包括核能源、国土安全以及能源与环境。在国土安全研究领域设有关键基础设施保护研究方向，其中包括控制系统信息安全研究。INL 在工业控制系统（包括 SCADA 系统、分布式控制系统和能源管理系统）漏洞识别和漏洞消减领域的研究能力是一流的，得到了国际认可。INL 作为这一领域的领导者，运营和维护着一个专门的控制系统和信息安全测试中心——SCADA 安全中心，以管理或实施相关联邦政府项目，如能源部的 SCADA 测试床项目和国土安全部的控制系统安全项目。

INL 的 SCADA 安全中心实施能源部主持的国家 SCADA 测试床（NSTB）项目，这是 INL 在工业控制安全方面比较大型的研究项目。该项目旨在帮助能源部门和设备供应商来评估控制系统的漏洞并测试控制系统硬件和软件的安全性。项目于 2003 年开始实施，为严格审核商用系统和验证安全增强措施提供了一个自动预防故障装置的环境。NSTB 目前已经完成了 37 家控制系统和组件的网络脆弱性评估，包括 14 家控制系统组件评估、15 家控制系统评估，以及 8 家基础设施系统的现场评估。基础设施系统的现场评估使研究人员能够评估运营环境的脆弱性，并可以验证测试床评估后的修正措施。该项目能提供更安全的新一代控制系统和安全修补程序，并已在能源行业得到应用。

2. 桑迪亚国家实验室

桑迪亚国家实验室（Sandia National Laboratory，SNL）于 1949 年成立，隶属美国能源部。SNL 主要研究领域为核武器、防扩散和材料控制、能源和关键基础设施以及国家安全。

SNL 有专门针对基础设施的研究方向，其中包括信息安全，并且重点研究基础设施信息安全，具体研究方向为 SCADA 系统安全研究和全球关键能源基础设施保护研究。

SNL 成立了专门的 SCADA 实验室和研究中心，致力于保护 SCADA 系统安全。SCADA 安全发展实验室（SCADA Security Development Laboratory）成立于 1998 年，重点研究内容是分析常见的 SCADA 系统和组件中的漏洞，以支持"高保证性 SCADA 系统"研究。而后，该实验室逐渐集成了一些独特的设备，发展成为 SCADA 安全研究中心（Center for SCADA Security）。SCADA 安全研究中心由几个测试床设施组成，这些设施可以对现实关键基础设施问题进行建模、设计、模拟以及验证。该研究中心重点解决电流控制系统的安全问题以及开发下一代控制系统。SCADA 安全研究中心主要研究内容包括 SCADA 评估（SCADA 国家测试床项目）、SCADA 工程解决方案等。

3. 橡树岭国家实验室

橡树岭国家实验室（Oak Ridge National Laboratory，ORNL）是美国能源部所属的一个大型国家实验室，成立于 1943 年，最初是作为美国曼哈顿计划的一部分，以生产和分离铀和钚为主要目的，原称克林顿实验室。2000 年 4 月以后由田纳西大学和 Battelle 纪念研究所共同管理。ORNL 设有国土安全项目办公室（Homeland Security Programs Office），支撑国土安全部的相关研究工作。

ORNL 目前正在进行通过便携式验收测试仪和协议进行 SCADA 系统信息安全测试项目研究，同时正在开发下一代安全的、可扩展的智能电网通信网络。

4. 阿贡国家实验室

阿贡国家实验室（Argonne National Laboratory，ANL）位于美国伊利诺伊州杜佩奇，是美国能源部下属的国家实验室。它是美国政府规模最大、历史最悠久的科研机构之一，也是美国中西部最大的科研机构。ANL 成立于 1946 年，是经特许成立的美国第一个国家实验室，也是美国能源部所属最大的研究中心之一。

ANL 关于工业控制安全的研究主要集中在 SCADA 系统领域（主要是美国天然气管道运输的 SCADA 系统）。ANL 已经开展 SCADA 系统调查和评估研究，并开发出各种工具、技术和方法，用于评估和改进 SCADA 系统。ANL 还为天然气管道运输系统设计了 SCADA 整合远程设施控制方案。

5. 西北太平洋国家实验室

西北太平洋国家实验室（Pacific Northwest National Laboratory，PNNL）于 1965 年成立，位于华盛顿的里奇兰（Richland），隶属美国能源部，致力于解决能源、环境和国家安全最棘手的问题，是能源部科学办公室管理的十大国家实验室之一。PNNL 支撑国土安全部、国家核安全局以及其他政府机构的工作，主要研究领域包括环境、卫生、能源、计算机科学与安全。

PNNL 提出了 SSCP（安全 SCADA 通信协议）概念。目前正在进行的研究包括构建能源行业安全通信架构（Secure Communication Architecture for the Energy Sector）、开发现场设备管理（Field Device Management）软件应用、开发加密信任管理（Crytographic Trust Management）软件应用、开发协议分析器（Protocol Analyzer）。

6. 洛斯阿拉莫斯国家实验室

洛斯阿拉莫斯国家实验室（Los Alamos National Laboratory，LANL）曾被称为洛斯阿拉莫斯实验室、洛斯阿拉莫斯科学实验室，隶属美国能源部，位于新墨西哥州的洛斯阿拉莫斯。LANL 成立于 1943 年，以研制出世界上第一颗原子弹而闻名于世。LANL 重点研究领域包括国家安全、空间探索、可再生能源、医药、纳米技术和超级计算机等。

LANL 目前正在进行 SCADA 通信方面的相关研究，致力于为传统和下一代 SCADA 通信架构开发一个详细的成本——效益建模工具（Cost-benefit Modeling Tool），以助于运营者为每个网络节点或层级选择适当的通信技术。

2.6　国内工业控制系统信息安全发展现状

我国工业控制系统研究起步较晚，但相对来说工业控制系统市场规模发展却十分迅速。"九五"期间，我国工业控制系统建设已初具规模。"十五"期间，工业控制系统建设进入了大发展时期，特别是 SCADA 系统得到了广泛的应用。在能源部门，从大型油气田到数万公里的输送管线都大规模采用了 SCADA 系统控制；在电力部门，全国五级电力调度机构全部建立了 SCADA 系统，100％实现了调度自动化；在铁路部门，远动监控系统形成规模，并且采用先进的 SCADA 系统实现了调车作业自动化，城市轨道交通则全部采用了自动列车控制系统 ATC；在水利部门，国家防汛指挥系统更新改造了 224 个水情分管中心，采用 SCADA 系统进行区域和全国联网；在公用事业部门，大中城市的燃气输配、供水、供热、排水、污水处理等均普及了 SCADA 系统。随着国家大力推进工业化和信息化深度融合，"十二五"期间工业控制系统产业应用已形成了相当规模，特别是在石化、电力、铁路、市政、冶金等国家重点工业领域，SCADA、DCS 以及 PLC 的使用和部署规模正在快速追赶发达国家，成为我国工业现代化建设的重要支柱之一。

2.6.1 国内工业控制系统信息安全现状

2011 年 9 月，工业和信息化部发布《关于加强工业控制系统信息安全管理的通知》（工信部[2011]451 号）文件，对加强重点领域工业控制信息安全管理、安全测评检查和漏洞发布制度建设、组织领导等方面提出了明确要求，并成为相关部门和重点企业推动工业控制系统信息安全工作的指导性文件。2012 年 5 月通过的《国务院关于大力推进信息化发展和切实保障信息安全的若干意见》（国发[2012]23 号）明确提出要"保障工业控制系统信息安全"。2015 年 7 月，第十二届全国人代会常委会通过中华人民共和国第 29 号主席令，公布《中华人民共和国国家安全法》。其中，第二十五条对网络和信息安全进行了专门论述，并重点强调了"关键基础设施和重要领域信息系统及数据的安全可控"。2016 年 10 月，工业和信息化部印发《工业控制系统信息安全防护指南》（工信部信软[2016]338 号），加强工业控制系统安全防护能力建设。2016 年 1 月 7 日，全国人大常委会表决通过了《网络安全法》，全面阐述了我国信息安全战略与规划，信息安全运行的原则和要求。其中，在第三章"网络运行安全"专门列出了"关键信息基础设施的运行安全"，对重要行业和重要领域的信息安全运行进行了规定和系统阐述。

我国正处于工业化和信息化融合的关键时期，因此，我国的工业控制系统安全面临着更大的挑战，然而，在此之前，我国一直将信息安全的重心集中在互联网，从而忽略了工业控制系统的安全问题。

自 2010 年的"震网"事件以来，一系列工业控制安全事件的发生表明工业控制系统正面临着高级且可持续的攻击威胁，工业控制系统的安全问题日益凸显。基于工业控制系统安全状况的脆弱性以及攻击威胁的严重性，我国开始重视工业控制系统的安全问题，并将其上升到国家战略的高度，相关的主管部门正积极地开展工业控制系统的安全工作。

国务院、工业和信息化部、国家发展和改革委等部门共同推进我国工业控制系统安全工作的开展。工业和信息化部率先发布了《关于加强工业控制系统信息安全管理的通知》，通知强调了加强工业控制系统安全的重要性，并提出要进一步完善工业控制系统安全的管理体制；紧接着，国务院也正式发布了《关于大力推进信息化发展和切实保障信息安全的若干意见》，意见再次强调信息化进程中信息安全的重要性，并提出了建立完整的国家信息安全保障体系的要求，要不断提升信息安全的保障水平，全面保障重点领域的信息安全，并且再次强调"保障工业控制系统安全"的要求；此外，国家发展和改革委等部门也开始积极部署工业控制系统的安全保障工作，并从政策、技术以及相关规范等方面进行进一步的研究。

显然，基于工业控制系统安全高度的战略意义以及我国工业自动化控制领域和信息安全领域对工业控制系统安全技术研究不足的现实，及时地开展工业控制系统通信机制的研究，开展针对工业控制系统漏洞扫描技术的研究具有非常重要的现实意义。

2.6.2　国内工业控制系统信息安全对策

我国政府主管部门在工业控制系统信息安全保障政策方面做了大量的工作。

1. 推进工业控制系统防护体系建设

加强对工业控制系统安全防护工作的组织领导和宏观规划；组织力量进行跨部门、跨行业的调查研究，摸清我国工业控制系统的建设和运行情况；深入研究、设计工业控制系统防护体系框架结构，制定工业控制系统的安全防护策略；打破各自为战的建设格局，大力推进全国一盘棋的体系建设；加强工业控制系统安全管理、教育、培训，提高安全意识。

2. 建立工业控制系统安全保障的标准体系

借鉴国际上已经制定的相关标准，结合我国工业控制系统产业特点，组织制定工业控制系统的安全管理、安全防护、安全分级、漏洞检测、网络监测、风险评估等相关标准，从"产、学、研、用、管"等角度为工业控制系统产业安全保障提供标准化指导。

3. 加强工业控制系统安全防护技术的研发

引导社会科研力量关注工业控制系统安全基础理论、关键技术等重大课题，吸引社会资源研发安全防护手段和技术产品。为工业控制系统提供需要的防护技术和防护产品，让工业控制系统安全可控，减少安全事件的发生。

4. 建立工业控制系统安全防护预警及响应机制

我国工业控制系统集中部署和垂直管理，从我国国情出发探索建立预警及响应机制，使我国工业控制系统安全事故显著降低，安全事件造成的影响降到可接受程度。

5. 开展工业控制系统漏洞分析与风险评估试点工作

有针对性地选择一批重要领域的工业控制系统，开展风险评估试点工作，发现存在的脆弱点和安全隐患，全面了解工业控制系统的安全状况，评估安全事件一旦发生可能造成的危害，提出有针对性的防护措施，为防范和化解安全风险、保障系统的正常运行和安全提供科学依据。

6. 加大工业控制系统安全技术研发力度

在国家网络空间安全防护重大建设项目中，将工业控制系统的安全技术放在与计算机信息安全技术同等重要的位置，提高我国的工业控制系统的防护技术水平。

7. 提高网络空间积极防御能力

确定重点防护目标，有选择地加固关键信息基础设施和重要工业设施，对要害部位网络防护组织专门力量，寓军于民，形成综合防范技术和能力，提高工业控制系统的积极防御水平。

2.6.3　国内工业控制系统信息安全平台建设情况

1. 工业控制系统信息安全测试平台

工业控制系统（Industrial Control System，ICS）信息安全测试平台基于传统的信息安全测试平台。以防火墙为例，工业防火墙的测试仍然延续传统防火墙的测试方法，测试设备形成一个网络通路，将防火墙串接在其中。测试设备能够发包模拟较为复杂的网络访问模型，以检测防火墙对网络访问的控制能力。

在工业控制领域，此类平台的主要工作方向是购买或开发工业控制网络协议仿真包，对于比较特殊的协议，此类平台甚至可以接受工业控制厂商或者控制网络信息安全厂商提供的网络模拟器进行测试，如图 2-8 所示。

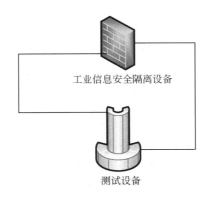

图 2-8 工业控制系统信息安全测试平台

相关产品的开发过程安全和操作管理安全仍沿用传统信息安全产品的标准和定级。

2. 工业控制系统信息安全保障能力平台

工业控制系统信息安全保障能力平台主要用于对控制系统自身信息安全保障能力的测试。即首先定义被测对象和被测对象的安全假设，形成一个较为封闭的控制系统工作环境。在相关标准的指导下，选用相应的安全功能组件对被测对象进行测试，测试内容主要包括权限体系、操作保障、网络通信等内容。在此类平台上，也可以对单个工业控制产品进行协议分析和漏洞挖掘工作，如图 2-9 所示。

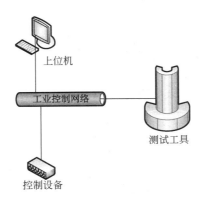

图 2-9 工业控制系统信息安全保障能力平台

3. 工业控制系统信息安全攻防演练平台

工业控制系统信息安全攻防演练平台往往基于已有控制系统实验室或培训室，并根据系统固有的漏洞开发相应的攻击脚本，包括：

（1）通过工控机，进入系统；

（2）通过交换机，进入系统；

（3）通过中心调度室的工作站或服务器进入系统；

（4）通过区间网络接入；

（5）通过外部网络接入；

（6）通过中心调度室网络进入等。

可以达到以下攻击目标：

（1）阻塞仪表信号，使得工控机无法读取仪表信号；

（2）阻塞泵机控制信号，使得工控机发出的泵机指令和阀指令无法驱动泵机和阀；

（3）篡改仪表信息，造成现场仪表读数与工控机的组态软件看到的读数不一致；

（4）伪造控制信号，主动发出伪造控制信号，驱动泵机和阀工作。

在此基础上，通过部署工业控制系统信息安全解决方案，可以培训工业控制系统信息安全产品的操作。

国内上述平台的建设从工业控制系统信息安全产品防护能力检测、工业控制系统信息安全防护能力检测以及工业控制系统攻防演练培训等角度，形成了工业控制系统和工业控制系统安全产品的初步测评能力，协助工业控制系统信息安全工作人员，了解工业控制系统信息安全的基本情况，但是可以看到与国外先进工业控制系统测试床相比，我们的平台建设还存在一定的欠缺，特别应该从工艺过程的仿真模拟角度，建设更加贴近工厂工业控制系统现场的仿真模拟系统，以提供一个更为真实、更为全面的环境，来发现和验证工业控制系统在信息安全方面的漏洞，并综合考虑工业企业实际生产和安全防护的经济效益，验证工业控制信息安全解决方案在实际环境中的适用性、有效性以及可操作性。

习　　题

一、填空题

1. 工业控制系统脆弱性主要可以从（　　　　　）、（　　　　　）和（　　　　　）三个方面考虑。

2. 2016 年 1 月 7 日，全国人大常委会表决通过了（　　　　　　　），全面阐述了我国信息安全战略与规划，信息安全运行的原则和要求。

3. 工业控制系统中，常见的攻击行为可以分为（　　　　　）、（　　　　　）、（　　　　　）以及（　　　　　）。

4. 工业控制系统面临的脆弱性风险主要来自（　　　　　）和（　　　　　）。（　　　　　）是指基于恶意目的对工业控制系统发起的攻击行为，（　　　　　）是指由于非恶意原因引起的，但是对工业控制系统造成影响或者破坏的行为。

5. 目前大多数工业控制系统的计算机操作系统均基于微软公司的 Windows 平台。Windows 组成网络的模式有两种：（　　　　　）和（　　　　　），而只有（　　　　　）是更加安全的组网模式。

二、思考题

1. 工业控制系统中的常见攻击有哪些？举一例说明。

2. 工业控制系统中的攻击与传统网络攻击有什么区别和联系？

3. 工业控制系统安全防护体系包含哪些内容？并简要说明。

4. 列举一个近年来攻击工业控制系统的病毒，并简要说明该病毒的主要特点。

第三章　重点工业控制系统信息安全事件分析

本章主要介绍一些工业控制系统的主要安全事件，以及对 5 种典型的安全事件进行攻击的事件分析。

3.1　工业控制系统安全事件

1. 澳大利亚马卢奇污水处理厂非法入侵事件

2000 年 3 月，澳大利亚昆士兰新建的马卢奇污水处理厂出现故障，无线连接信号丢失，污水泵工作异常，报警器也没有报警。本以为是新系统的磨合问题，后来发现是该厂前工程师 Vitek Boden 因不满工作续约被拒而蓄意报复所为。这位前工程师通过一台手提电脑和一个无线发射器控制了 150 个污水泵站；前后三个多月，总计有 100 万升的污水未经处理直接经雨水渠排入自然水系，导致当地环境受到严重破坏。

2. 美国 Davis-Besse 核电站受到 Slammer 蠕虫攻击事件

2003 年 1 月，美国俄亥俄州 Davis-Besse 核电站和其他电力设备受到 Slammer 蠕虫病毒攻击，网络数据传输量剧增，导致该核电站计算机处理速度变缓、安全参数显示系统和过程控制计算机连续数小时无法工作。

经调查发现，一供应商为给服务器提供应用软件，在该核电站网络防火墙后端建立了一个无防护的 T1 链接，病毒就是通过这个链接进入核电站网络的。这种病毒主要利用 SQL Server 2000 中 1434 端口的缓冲区溢出漏洞进行攻击，并驻留在内存中，不断散播自身，使得网络拥堵，造成 SQL Server 2000 无法正常工作。实际上，微软在半年前就发布了针对 SQL Server 2000 这个漏洞的补丁程序，但该核电站并没有及时进行更新，结果被 Slammer 蠕虫病毒乘虚而入。

3. 美国 Browns Ferry 核电站受到网络攻击事件

2006 年 8 月，美国阿拉巴马州的 Browns Ferry 核电站 3 号机组受到网络攻击，反应堆再循环泵和冷凝器工作失灵，导致 3 号机组被迫关闭。原来，调节再循环泵马达速度的变频器（VFD）和用于冷凝的可编程逻辑控制器（PLC）中都内嵌了微处理器。通过微处理器，VFD 和 PLC 可以在以太局域网中接受广播式数据通信。但是，由于当天核电站局域网中出现了巨量信息，VFD 和 PLC 无法及时处理，致使两台设备瘫痪。

4. 美国 Hatch 核电厂自动停机事件

2008 年 3 月，美国佐治亚州的 Hatch 核电厂 2 号机组发生自动停机事件。当时，一位工程师正在对该厂业务网络中的一台计算机（用于采集控制网络中的诊断数据）进行软件更新，以同步业务网络与控制网络中的数据信息。当工程师重启该计算机时，同步程序重置了控制网络中的相关数据，使得控制系统以为反应堆储水库水位突然下降，自动关闭了整个机组。

5. Stuxnet 病毒攻击美国 Chevron 等四家石油公司

2012 年，位于美国加利福尼亚州的 Chevron 石油公司对外承认，他们的计算机系统曾受到 Stuxnet 病毒的袭击。不仅如此，美国 Baker Hughes、ConocoPhillips 和 Marathon 等石油公司也相继声明其计算机系统也感染了 Stuxnet 病毒。他们警告说一旦病毒侵害了真空阀，就会造成相关设备失火、人员伤亡和生产停顿等重大事故。虽然美国官员指这种病毒不具有传播用途，只对伊朗核设施有效，但事实证明，Stuxnet 病毒已确确实实扩散开来。

6. Duqu 病毒(Stuxnet 变种)出现

2011 年安全专家检测到 Stuxnet 病毒的一个新型变种 Duqu 木马病毒，这种病毒比 Stuxnet 病毒更加聪明、强大。与 Stuxnet 不同的是，Duqu 木马病毒不是为了破坏工业控制系统，而是潜伏并收集攻击目标的各种信息，以供未来网络袭击之用。前不久，已有企业宣称他们的设施中已经发现有 Duqu 代码。目前，Duqu 木马病毒在很多企业已经完成了它的信息侦测任务，没人知晓下一次攻击何时爆发。

7. 比 Suxnet 强大数十倍的 Flame 火焰病毒肆虐中东地区

Flame 火焰病毒有超强的数据窃取能力，不仅袭击了伊朗的相关设施，还影响了整个中东地区。据报道，该病毒是以色列为了打聋、打哑、打盲伊朗空中防御系统，摧毁其控制中心而实施的高科技网络武器。以色列计划打击德黑兰所有通信网络设施，包括电力、雷达、控制中心等。

Flame 火焰病毒最早诞生于 2010 年，迄今为止还在不断发展变化中。该病毒结构非常复杂，综合了多种网络攻击和网络间谍特征。一旦感染了系统，该病毒就会实施一系列操作，如监听网络通信、截取屏幕信息、记录音频通话、截获键盘信息等，所有相关数据都可以远程获取。可以说，Flame 病毒的威力大大超过了目前所有已知的网络威胁。

8. Havex 全面袭击欧洲机械设备和工业制造 SCADA 系统

2014 年初，网络安全公司 CrowdStrike 披露了一项被称为 Energetic Bear 的网络间谍活动，首次发现了 Havex RAT 的身影，当年中旬 Havex RAT 在欧洲肆意横行，感染 SCADA 和工业控制系统中使用的工业控制软件，有能力禁用水电大坝，使核电站过载，甚至可以做到按一下键盘就能关闭一个国家的电网。黑客们可能试图通过俄罗斯联邦渗透欧洲、美国和亚洲能源公司的计算机网络。

9. 乌克兰电网遭攻击事件

2015 年 12 月，乌克兰数百户家庭的供电遭到黑客破坏，这是首次导致停电的网络攻击。乌克兰西部的电力公司 Prykarpattyaoblenergo 表示，12 月 23 日的"大规模故障"导致数个区域断电几个小时，该公司将此次故障归因于"干扰"。停电区域包括该地区首府伊万诺-弗兰科夫斯克(Ivano-Frankivsk)，这座城市有 140 万居民。

3.2 伊朗核电站攻击事件分析

2010年9月24日，伊朗核设施曝出Stuxnet病毒（国内译"震网"）攻击，导致其核设施不能正常运行。据推测，负责建设布舍尔电站的俄罗斯工程技术人员所使用的U盘可能是本次病毒传播的重要渠道。与传统的电脑病毒相比，"震网"病毒不会通过窃取个人隐私信息牟利，而是一种直接破坏现实世界中工业基础设施的恶意代码，由于其攻击对象是国家关键基础设施，因此被一些专家定性为全球首个投入实战的"网络武器"。为此，美国国土安全部已成立专门机构应对"震网"病毒。据赛门铁克公司的统计，目前全球已有约45 000个网络被该病毒感染。

3.2.1 "震网"病毒特点

与以往的安全事件相比，"震网"病毒攻击呈现出多种特点。

1. 攻击目标明确

通常情况下，蠕虫的攻击价值在于其传播范围的广泛性和攻击目标的普遍性。"震网"病毒的攻击目标既不是开放主机，也不是通用软件，而是运行于Windows平台、常被部署在与外界隔离的专用局域网中，被广泛用于钢铁、汽车、电力、运输、水利、化工、石油等核心工业领域，特别是国家基础设施工程的SIMATIC WinCC数据采集与监视控制系统。据赛门铁克统计，2010年7月，被"震网"病毒感染的主机占25%，到9月下旬，已达到60%。据称"震网"专门定向破坏伊朗核电站离心机等要害目标，具有明确的地域性和目的性。"震网"是一次精心谋划的攻击。

2. 采用技术先进

"震网"病毒利用了微软操作系统的4个零日漏洞，使每一种漏洞发挥了其独特的作用；"震网"病毒运行后，释放出两个伪装成驱动文件RealTek和JMicron的数字签名，以躲避杀毒软件的查杀，使"震网"病毒具有极强的隐身能力和破坏力。"震网"病毒无需借助网络连接进行传播，只要电脑操作员将被病毒感染的U盘插入USB接口，病毒就会在不知不觉的情况下取得工业用电脑系统的控制权，代替核心生产控制软件对工厂其他电脑"发号施令"。一旦"震网"病毒软件流入黑市出售，后果将不堪设想。

3. 攻击目标高端

一些专家认为，"震网"病毒是专门设计来攻击伊朗重要工业设施的。卡巴斯基高级安防研究员戴维·爱姆说，"震网"病毒与其他病毒的不同之处，在于它瞄准的是现实世界，"震网"病毒被设计出来，纯粹就是为了搞破坏的。德国网络安全研究员拉尔夫·朗纳坚信"震网"病毒被设计出来，就是为了寻找基础设施并破坏其关键部分，是一种百分之百直接面向现实世界中工业程序的网络攻击，绝非所谓的间谍病毒，而是纯粹的破坏病毒，"震网"病毒的高端性，意味着只有一个"国家"才能把它开发出来。

4. 蔓延迅速

"震网"病毒的目标是伊朗,但是也在世界各地的很多电脑系统中被发现。2016 年 2 月,五角大楼二号人物在旧金山举行的一次信息安全会议上警告说,对特定目标开发"有毒恶意软件"的程序员应警惕软件失控。他说:"开发者可能因疏忽而失去对一种破坏性工具的控制并使其蔓延出去。我们必须严肃对待偶然的泄露情况,以防错误插进电脑的小 U 盘等对全球经济造成灾难性影响。"他还说,威胁程度分为很多级,"破坏"是最严重的一级;最可怕的情况是恐怖组织在黑市上从黑客那里购买到恶意软件。

5. 强大的破坏性

"震网"病毒的出现和传播,威胁的不仅仅是自动化系统的安全,它使自动化系统的安全性上升到了国家安全的高度。美国国防部副部长威廉·林恩在接受英国《金融时报》专访时说,美国国防部将网络空间视为继陆地、海洋、空中和太空之后的第五维战场,从网络间谍到信息网络攻击和病毒(如可导致物理破坏的"超级工厂病毒"("震网"病毒))的威胁越来越严重。他认为,美国削减国防预算总额时机不对,因为国家仍处于战争状态。

3.2.2 "震网"病毒攻击方法

"震网"病毒 Stuxnet 是一款针对西门子工业控制软件 SIMATIC WinCC 进行攻击的特种病毒。SIMATIC WinCC 作为一种广泛应用于电力、水利、运输、钢铁、化工、石油、汽车等关键工业领域的数据采集与监控(SCADA)系统,是伊朗布什尔核电站的核心业务应用软件之一。由于布什尔核电站内网与互联网物理隔离,攻击者采用了首先感染核电站建设人员使用的互联网计算机或 U 盘,再通过 U 盘交叉使用侵入物理隔离的内网,然后通过内网扩散技术找到 WinCC 服务器,最后再实施破坏性攻击的战术。

"震网"病毒详细攻击步骤与方法如下:

(1)"震网"病毒的一个显著特点就是会自动搜索计算机中的 U 盘等可移动存储设备,并将含有 6 个漏洞攻击代码(其中 4 个用于感染传播,2 个用于攻击 WinCC 系统)的病毒文件拷贝到其中。据报道,负责布什尔核电站建设的俄罗斯工程技术人员所使用的 U 盘就是"震网"病毒传播的罪魁祸首。据分析,"震网"病毒可能是通过两种途径感染到工程技术人员的 U 盘上:一是攻击者通过互联网电子邮件捆绑病毒这一定点攻击技术入侵到俄罗斯工程技术人员的外网计算机,并进而感染其使用的 U 盘;二是在 U 盘的生产制造、销售环节将病毒植入其中。

(2)在俄罗斯工程技术人员将感染了"震网"病毒的外网 U 盘插入布什尔核电站内部网络中的计算机上使用时,就会触发一个被微软命名为 MS10 - 046 的漏洞——Windows 文件快捷方式解析漏洞。该漏洞会将攻击代码从 U 盘传播到内网计算机,从而实现所谓的"摆渡"攻击,即利用移动存储介质的交叉使用实现了对物理隔离网络的渗透。

(3)为了找到最终攻击目标,"震网"病毒采取双管齐下的策略,从两个途径进行内网扩散。一是从网络途径,利用 RPC 远程执行漏洞(MS08 - 067)和打印机后台程序服务漏洞(MS10 - 061)进行传播;在利用 MS08 - 067 这一漏洞时,如果权限不够导致失败,还会使用一个至今微软都未公开解决方案的漏洞来提升自身权限，然后再次尝试攻击。二是从介质途径，利用上面提到快捷方式文件解析漏洞（MS10 - 046）进行传播。上述 4 个漏洞，除 MS08 - 067 外，其余 3 个漏洞皆为零日漏洞。

（4）在找到安装有 WinCC 软件的服务器后，"震网"病毒再使用 WinCC 中的两个零日漏洞实施最后的攻击。一是利用 WinCC 系统中存在的一个硬编码漏洞，获取到数据库的默认账户名和口令，对系统中的核心数据进行破坏；二是利用 WinCC 系统中一个名为"Step7"的工程文件在加载动态链接库时的缺陷，将系统中的核心文件 s7otbxdx. dll 进行替换，实现对工业控制系统中控制代码的接管，让离心机电流的频率加快，最终使电流的频率达到 1410 Hz，从而导致离心机无法浓缩铀而报废。2010 年 9 月 27 日，伊朗国家通讯社向外界证实布什尔核电站已经遭到攻击。伊朗布什尔核电站原定于 2010 年 8 月开始运行，直到 2010 年 11 月 27 日才对外宣布开始运行。

3.2.3　"震网"病毒事件分析

"震网"病毒由于其高复杂度和目的性，无疑成为信息安全史上一个重要事件。总的来讲，该事件具有以下特点。

1. 技术高超，攻击性强，属于典型的国家行为

"震网"病毒攻击事件绝非是黑客所为，应该是国家行为，或者说是"受国家资助的团队"所为。一是"震网"病毒至少利用了 6 个漏洞发动攻击，其中有 5 个为零日攻击漏洞：3 个为 Windows 操作系统全新漏洞，2 个为工业控制专用程序 WinCC 软件未公开漏洞。能够挖掘出这么全新的一批漏洞并且在一次攻击事件中集中使用，这是大多数黑客组织很难有能力做到的事情。二是综合采用 RootKit 技术、内核态驱动程序技术、用户态 HookAPI 技术对病毒文件进行隐藏和保护，这需要一支专业的队伍进行分工协作才能完成。三是使用知名音频芯片供应商瑞昱半导体公司 2010 年 1 月 25 日刚被注销的软件数字签名来躲避杀毒软件，而捕获的样本显示病毒文件的时间戳是 2010 年 3 月，这表明制作团队具有很强的信息获取能力。上述情况表明，"震网"病毒呈现出了高级攻击能力，其幕后团队应该是技术高超的专业人员，并且具有广泛的资源做后盾。

2. 目标明确，战术清晰，具有典型网络战性质

在实现对布什尔核电站工业控制系统进行破坏的过程中，"震网"病毒表现出了很高的战术素养。一是攻击目标明确，"震网"病毒攻击对象直指 WinCC6.2 和 WinCC 7.0 两种版本，并只在 Windows 2000、Windows Server 2000、Windows XP、Windows Server 2003、Windows Vista、Windows 7、Windows Server 2008 中运行，一旦发现自己运行在非 Windows NT 系列操作系统中就立刻退出。二是攻击思路清晰，即先从核电站建设人员身上寻找突破口，感染其外部主机，然后感染其 U 盘，并利用零日攻击漏洞渗透到物理隔离的内网；进入内网后，再通过 1 个公开漏洞和 2 个零日攻击漏洞进行扩散，最后抵达安装有 WinCC 软件的主机，展开攻击。三是攻击手法周全，为了确保攻击成功，该病毒还采取了类似战场预备队的做法，在关键环节都采取"双保险"措施：在感染和传播扩散环节，网络和介质两种途径并用；在漏洞利用环节，同时使用公开和未知两类漏洞，并且针对利用 MS08-067 这个公开漏洞可能失败的情况还给出了补救方案；在破坏环节，既对核心数据也对关键硬件设备进行破坏。

3. 战略意图明显，旨在破坏核电站的正常生产，意在展现实力和发出警告

针对工业控制网络的攻击，可能破坏正常温度与压力测控，导致超温或超压，最终就会导致冲料、起火甚至爆炸等灾难性事故，造成次生灾害和人道主义灾难。但是从病毒的名称"震网"，攻击时机选择在布什尔核电站投入运行前，只对系统正常运转进行破坏，以及布什尔核电站延迟 3 个月后就宣布运行的情况来看，该攻击事件的战略意图是对核电站的正常生产进行干扰和破坏，其主要目的还是展现实力和发出警告。

3.3　乌克兰电力系统攻击事件分析

2015 年 12 月 23 日，乌克兰电力部门遭受到恶意代码攻击，乌克兰新闻媒体 TSN 在 24 日报道称："至少有三个电力区域被攻击，并于当地时间 15 时左右导致了数小时的停电事故，攻击者入侵了监控管理系统，超过一半的地区和部分伊万诺-弗兰科夫斯克地区断电几个小时。"Kyivoblenergo 电力公司发布公告称："公司因遭到入侵，导致 7 个 110 kV 的变电站和 23 个 35 kV 的变电站出现故障，导致 80 000 用户断电。"

乌克兰电力部门感染的是恶意代码 BlackEnergy（黑色能量），BlackEnergy 被当做后门使用，并释放了 KillDisk 破坏数据来延缓系统的恢复。同时在其他服务器还发现一个添加后门的 SSH 程序，攻击者可以根据内置密码随时连入受感染主机。BlackEnergy 曾经在 2014 年被黑客团队"沙虫"用于攻击欧美 SCADA 工业控制系统，当时发布报告的安全公司 iSIGHT Partners 在 2016 年 1 月 7 日发文，将此次断电事件矛头直指"沙虫"团队，而在其 2014 年关于"沙虫"的报告中，iSIGHT Partners 认为该团队与俄罗斯密切相关。

俄乌两国作为独联体中最重要的两个国家，历史关系纠缠复杂。前苏联解体后，乌克兰逐渐走向"亲西疏俄"的方向，俄罗斯总统普京于 2008 年在北约和俄罗斯的首脑会议上指出，如果乌克兰加入北约，俄国将会收回乌克兰东部和克里米亚半岛（1954 年由当时的苏共领导人决定从俄罗斯划归到乌克兰）。在 2010 年年初，由于亲俄的亚努科维奇当选为乌克兰总统，两国关系重新改善，但随着乌克兰国内政局，特别是在 2014 年发生了克里米亚危机等事件后，乌克兰中断了大部分与俄罗斯的合作，两国关系再度恶化。而围绕天然气展开的能源供给问题，一直是两国博弈的主要焦点。2014 年 3 月 16 日，克里米亚发起全国公投，脱离乌克兰，成立新的克里米亚共和国，加入俄罗斯联邦。2015 年 11 月 22 日凌晨，克里米亚遭乌克兰断电，近 200 万人受影响。2015 年 12 月 23 日，乌克兰国家电力部门遭受恶意代码攻击导致断电。

根据对整体事件的跟踪、电力运行系统分析和相关样本分析，普遍认为这是一起以电力基础设施为目标，以 BlackEnergy 等相关恶意代码为主要攻击工具，通过僵尸网络进行前期的资料采集和环境预置，以邮件发送恶意代码载荷为最终攻击的直接突破入口，通过远程控制 SCADA 节点下达指令为断电手段，以摧毁、破坏 SCADA 系统并实现迟滞恢复和状态致盲，以 DDoS 服务电话作为干扰，最后达成长时间停电并制造整个社会混乱的具有信息战水准的网络攻击事件。

特别值得注意的是，本次攻击的攻击点并不在电力基础设施的纵深位置，同时也未使用零日漏洞，而是完全通过恶意代码针对 PC 环节的投放和植入达成的。其攻击成本相对"震网"、方程式等攻击显著降低，但同样直接有效。

3.3.1　电力系统概述

电力系统是一套由发电厂、送变电线路、供配电所和用电等环节组成的电能生产与消费系统。整体的运行过程是由电源（发电厂）的升压变电站升压到一定等级后，经输电线路输送到负荷中心变电站，通过变电站降压至一定等级后，再经配电线路与用户连接。在整体电力系统中，使用计算机的节点主要在发电、变电站以及调度中心部分。

升压变电站可以将交流电从不大于 20 kV 的电压变换至需要的输电电压等级。其主要设备包括：升压变压器、断路器、隔离开关、互感器、继电保护等。输电网是将发电厂发的电通过变压器转变为高压电传输到各个变电站，变电站将输电线路较高电压等级电能降低，供区域电网、地区电网或终端用户使用。根据变电站在系统中的地位，可分为枢纽变电站、中间变电站、地区变电站、终端变电站。

配电网在电力网中主要是把输电网送来的电能再分配和送到各类用户，担任配送电能的任务。配电设施包括配电线路、配电变电所、配电变压器等。

3.3.2　变电站自动化系统概述

对于一个实际的变电站，通常习惯将隔离开关（刀闸）、断路器、变压器、电压互感器、电流互感器等直接与高压（强电）相关的设备称为一次设备，而将保护（继电保护）、仪表、中央信号、远动装置等保护、测量、监控和远方控制设备称为二次设备，二次设备所需的信号线路、通信线路等称为二次接线。变电站综合自动化系统（以下简称变电站自动化系统）的核心是将二次设备系统进行计算机化，集变电站保护、测量、监控和远方控制于一体，替代常规变电站二次设备，简化二次接线。变电站自动化系统是最终实现变电站无人值守化的基础。

在化工等工业体系中，工业控制系统以过程控制系统（PCS）为主，属于闭环自动控制系统，仪表控制系统以及 DCS 均属于 PCS。但对于变电站自动化系统，目前仍然以人工监控（开环控制）为主，主要需要实现遥测、遥信、遥控和遥调，称为"四遥"功能，除了继电保护系统需要独立完成保护自动控制之外，变电站自动化系统一般认为属于以人工监控为主的 SCADA（数据采集和监控系统），与属于 PCS 的 DCS 系统有一定相似之处，但体系结构不完全相同。

如果将变电站 SCADA 与一般工业 DCS 做一个比较，则过程层相当于 DCS 中的现场仪表层面，直接连接断路器、变压器、电压互感器、电流互感器等一次设备，完成最终的遥测、遥控等功能；间隔层相当于 DCS 中的现场控制层面，特别是继电保护装置属于自动控制，相当于 DCS 中的一个现场控制站；站控层相当于 DCS 中的 HMI、组态等层面，目前都基于 PC 和相应软件实现。站控层网络相当于工业以太网(工控内网);过程层网络相当于现场总线。对于智能变电站,目前一般统一使用基于以太网的 IEC 61850 标准通信协议;对于非智能变电站,过程层与间隔层没有标准的通信协议,一般根据过程层设备(RTU 等)确定通信协议。

工业控制系统的历史比 PC 的历史更为悠久,早期的工业控制系统是相对低级、原始的模拟量控制系统,以仪表为显示回馈,其中自然没有 PC 系统的存在。PC 系统进入工业控制系统的初期,并非扮演核心中枢的角色,而主要是提供监控人机界面(HMI 工作站)。但随着工业化和信息化的逐步融合,通用性 PC(含服务器)以其标准的体系结构、丰富的软件系统等优势,开始逐步在工业控制系统中扮演更关键的角色,特别是在承担了自动控制的组态、配置等工作(工程师站、运维计算机等)后,具备了直接操作实际生产环节的能力。

通常 220 kV 及以上等级的变电站,监控系统(属于变电站 SCADA 站控层)使用的操作系统通常是 UNIX、Linux 等系统,110 kV 和 35 kV 变电站,监控系统操作系统中则有较高比例的 Windows 操作系统。现阶段俄罗斯和其他前苏联加盟共和国大量存在 110 kV 和 35 kV 变电站,其监控系统操作系统目前以 Windows 为主。需要指出的是,没有任何操作系统能够对攻击百分百"免疫",任何关键位置的节点系统及其上面的软件与应用必然会面临安全挑战。这与其是何种操作系统没有本质关系。鉴于高级持续性威胁(APT)等攻击发起者所拥有的资源、承担攻击成本的能力和坚定的攻击意志,不会有任何一种操作系统能凭借其自身的安全能力就可以使其上的业务系统免受攻击。

SCADA 系统是以计算机为基础的生产过程控制与调度自动化系统。它可以对现场的运行设备进行监视和控制,以实现数据采集、设备控制、测量、参数调节以及各类信号报警等各项功能。随着智能电网的广泛应用,个人计算机(PC)节点在整个电网体系中的作用日趋重要。在变供电站的 SCADA 系统中,PC 收集大量的实时电网数据,并进行汇总和分析后,送到人机交互界面进行相应的展示。同时 PC 根据统计分析数据,对电网进行电力的实时负载调配,并且针对调配对电网下达相应的控制指令。另外 PC 在 SCADA 系统中同样可以对系统中 DCS 的相关配置进行远程配置。

在部分工业控制系统设计者的认知中,DCS 系统的自动控制的核心是由工控机、嵌入式系统或者 PLC 实现的现场控制站,属于现场控制层面;对于变电站 SCADA,是继电保护装置(35 kV 及其以下电压等级的变电站可能使用保护测控一体化装置),属于间隔层,无论是现场控制站还是继电保护装置,都是独立运行的。现场控制站、继电保护装置等能够独立运行,完成控制、保护等功能。这一体系结构设计称为集散原则或者分布式原则,又称为"分散控制+集中监控"模式。在这种模式下,如果只是出现了上层 SCADA 系统的故障,有可能全系统依然能够正常运行一段时间。这种风险控制模式的有效性是建立在应对非主观破坏带来的单点失效和突发事故的前提假定下的;但对高级网络攻击乃至在信息战场景,攻击者基于环境预置、定向入侵渗透等方式取得 SCADA 系统的控制权的情况下,仅靠这种简单的集散原则是远远不够的。

3.3.3　攻击导致断电的方法分析

目前变电站 SCADA 系统可以实现远程数据采集、远程设备控制、远程测量、远程参数调节、信号报警等功能。同时通过 SCADA 导致断电的方式如下：

（1）控制远程设备的运行状态。例如断路器、闸刀状态，这种方式比较直接，就是直接切断供电线路，导致对应线路断电。

（2）修改设备运行参数。例如修改继电保护装置的保护整定值，过电流保护的电流整定值减小，这样会使得继电保护装置将正常负荷稍重的情况误判为过电流，引发保护动作，进而造成一定破坏，如使断路器跳闸等。

对于乌克兰停电事件中的攻击者来讲，在取得了对 SCADA 系统的控制能力后，可完成上述操作的手法如下：

（1）通过恶意代码直接对变电站系统的程序界面进行控制。当攻击者取得变电站 SCADA 系统的控制权（如 SCADA 管理人员工作站节点）后，可取得与 SCADA 操作人员完全一致的操作界面和操作权限（包括键盘输入、鼠标点击、行命令执行以及更复杂的基于界面交互的配置操作），操作员在本地的各种鉴权操作（如登录口令等），也是可以被攻击者通过技术手段获取的，而采用 USB KEY 等登录认证方式的 USB 设备，也可能是默认接入在设备上的。因此，攻击者可像操作人员一样，通过操作界面远程控制对远程设备进行开关控制，以达到断电的目的；同样也可以对远程设备参数进行调节，导致设备误动作或不动作，引起电网故障或断电。

（2）通过恶意代码伪造和篡改指令来控制电力设备。除直接操作界面这种方式外，攻击者还可以通过本地调用 API 接口或从网络上劫持等方式，直接伪造和篡改指令来控制电力设备。目前变电站 SCADA 站控层之下的通信网络，并无特别设计的安全加密通信协议。当攻击者获取不同位置的控制权（如 SCADA 站控层 PC、生产网络相关网络设备等）后，可以直接构造和篡改 SCADA 监控软件与间隔层设备的通信，例如 IEC 61850 通信明码报文，IEC 61850 属于公开协议、明码通信报文，截获以及伪造 IEC 61850 通信报文并不存在技术上的问题，因此攻击者可以构造或截获指令来直接遥控过程层电力设备，同样可以完成远程控制设备运行状态、更改设备运行参数引起电网故障或断电。

上述两种方式都不仅可以在攻击者远程操控情况下交互作业，同样可以进行指令预设、实现定时触发和条件触发，从而在不能和攻击者实时通信的情况下发起攻击。即使是采用操控程序界面的方式，同样可以采用键盘和鼠标的行为的提前预设来完成。

3.3.4　攻击全程分析

通过以上对变电站系统的分析并基于目前公开的样本，攻击者可能采用的技术手法为：通过鱼叉式钓鱼邮件或其他手段，首先向"跳板机"植入 BlackEnergy，随后通过 BlackEnergy 建立据点，以"跳板机"作为据点进行横向渗透，之后攻陷监控/装置区的关键主机。同时由于 BlackEnergy 已经形成了具备规模的僵尸网络以及定向传播等因素，亦不排除攻击者已经在乌克兰电力系统中完成了前期环境预置。

　　攻击者在获得了 SCADA 系统的控制能力后，通过相关方法下达断电指令导致断电；其后，采用覆盖 MBR 和部分扇区的方式，导致系统重启后不能自举（自举只有两个功能：加电自检和磁盘引导）；采用清除系统日志的方式提升事件后续分析难度；采用覆盖文档文件和其他重要格式文件的方式，导致实质性的数据损失。这一组合拳不仅使系统难以恢复，而且在失去 SCADA 的上层故障回馈和显示能力后，工作人员被"致盲"，从而不能有效推动恢复工作。

　　攻击者一方面在线上对变电站进行攻击，另一方面在线下还对电力客服中心进行电话 DDoS 攻击，两组"火力"共同配合发起攻击完成攻击者的目的。

　　通过对公开的样本进行关联，关联到发送前导文档的原始邮件。该邮件在 2015 年 3 月被用于攻击乌克兰媒体，其中一个包含恶意代码的文档，攻击者在文档中嵌入了恶意宏代码，一旦用户打开文档并运行宏就会对目标系统进行感染。

　　这与过去的大量 APT 攻击中出现的格式溢出文档所不同的是，尽管其也使用了邮件和 Office 文档作为攻击手段，但并没有使用零日漏洞，甚至相关载荷都没有使用格式溢出方式，而是类似一个传统的宏病毒。这说明高级攻击中是否使用零日漏洞与相关组织的作业能力、零日漏洞储备以及对目标的适应性有关，高级的攻击未必需要使用"高级攻击技术"（如格式溢出、零日漏洞）。

　　这是一种针对性攻击常用的手法，首先攻击者在一封邮件中嵌入一个恶意文档发送给目标，如果目标主机存在安全隐患，则在打开附件时就会自动运行宏代码，附件文档（Excel）打开后显示如图 3-1 所示的邮件内容，为了诱导受害者启用宏，攻击者还使用乌克兰语进行了提醒，图中文字含义为："注意！该文档由较新版本的 Office 创建，为显示文档内容，必须启用宏。"

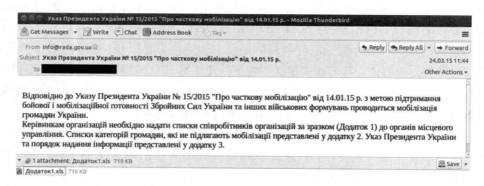

图 3-1　邮件内容

　　经分析人员对宏代码进行提取分析，发现宏代码主要分为两个部分，首先通过 25 个函数定义 768 个数组，在数组中写入可执行文件（PE）备用。然后通过一个循环将二进制数据写入指定的磁盘文件，对应的路径为：％TEMP％\vba_macro.exe，随后执行此文件，即 BlackEnergyDropper，在经过多次解密后，就会释放 BlackEnergy，并利用 BlackEnergy 下载插件对系统进行攻击。

3.3.5　事件总结

这是一起以 BlackEnergy 等相关恶意代码为主要攻击工具，通过僵尸网络进行前期的资料采集和环境预置，以邮件发送恶意代码载荷为最终攻击的直接突破入口，通过远程控制 SCADA 节点下达指令为断电手段，以摧毁、破坏 SCADA 系统并实现迟滞恢复和状态致盲，以 DDoS 电话作为干扰，最后达成长时间停电并制造整个社会混乱的具有信息战水准的网络攻击事件。

此次攻击的对象为关键基础设施，这就使人们很自然地联想到 2010 年的"震网"病毒。把相关事件的要素放在一起对比，则会看到不同的攻击组织带有完全迥异的风格，如果说"震网"这样的高级持续性威胁 APT 攻击让人看到更多的是利用零日漏洞攻击、复杂严密的攻击策略、PLC 与固件安全漏洞等；而乌克兰停电事件的"战果"，是攻击者在未使用任何零日漏洞，也未使用位于生产系统侧的攻击组件，仅仅依托 PC 端的恶意代码作业的情况下取得的，显然其攻击成本和"震网"相比要低得多。

这也再一次提醒人们需要重新审视所谓高级持续性威胁 APT 攻击或网络战争 Cyber War 的评价标准，事件的定性不在于刻板的字面意义，而是其背后深层次的动机与能力的综合因素，对攻击集团来说，只要可以达到完成作业目的，一切手段皆可用，我们依然会遭遇"震网"、"方程式"风格的对手，网络攻击工具、商用恶意代码、被改造的开源工具、零日漏洞、传统的宏病毒等，也将更多地被用于对关键目标的攻击当中。在商业军火和开源工具被广泛应用的场景下，通过恶意代码本身来确定攻击来源将面临更多的干扰项，而放在更大的攻防态势上来看，地下黑产的基础设施也正在形成，并构成了一个唯利是图的多边信息共享机制，被普通僵尸网络采集窃取到的信息，有着巨大的流向不确定性，从而成为战略攻击者的信息采集源；而一般性的恶意代码感染、弱化安全性的盗版镜像、夹带恶意代码汉化、破解工具等，都在客观上起到降低战略攻击者门槛的作用。对那些"普通的"恶意代码感染扩散事件予以漠视，而幻想依托威胁情报就可以发现拦截高级威胁的想法无疑是幼稚的。

对于关键基础设施特别是工业控制系统的 IT 管理者们来说，需要走出"物理隔离"带来的虚假安全感：传统的内网隔离安全很大程度上是受到封闭空间保障的，封闭空间的场景依托物理安全措施提升接触式攻击的成本。但社会基础设施则是需要向社会纵深进行有效覆盖的，特别是像电网这样的呈现出巨大物理空间覆盖体系，必然需要大量使用无人值守设备。因此，这些孤点的风险在于它们可能是攻击的入口。

而在对关键基础设施防御点和投入配比上，当人们认为对关键基础设施的攻击必然在"纵深位置"时，乌克兰停电事件则提醒我们，随着仪表盘和操控面板被更多的 PC 设备替代，PC 环境已经在工业控制体系中扮演"一览众山小"的位置。如果 SCADA 等 PC 节点失守，攻击者几乎可以为所欲为。为有效改善基础设施体系中 PC 节点和 TCP/IP 网络，需要通过网络捕获与检测、沙箱自动化分析、白名单＋安全基线等综合方式改善防御纵深能力；同时，也要和防火墙、补丁与配置强化、反病毒等传统手段有效结合，改善 IT 治理；需要把更多、更细腻的工作放到内部的安全策略与管理以及外部供应链安全等环节中去。

震网事件与乌克兰变电站攻击事件对比如表 3-1 所示。

表 3 – 1　震网事件与乌克兰变电站攻击事件对比

	震网事件	乌克兰变电站攻击事件
主要攻击目标	伊朗核工业设施	乌克兰电力系统
关联被攻击目标	伊朗工业设施生产自动化系统、开发工业自动化系统、工控领域提供自动化服务、工业自动化公司	乌克兰最大机场、乌克兰矿业公司、乌克兰铁路运营商、乌克兰国有电力公司、乌克兰 TBS 电视台
作用目标	上位机、PLC 控制系统、PLC	办公机、上位机
造成后果	大大延迟了伊朗的核计划	乌克兰伊万诺地区大面积停电
核心攻击原理	修改离心机压力参数，修改离心机转子转速参数	通过控制 SCADA 系统直接下达断电指令
使用漏洞	RPC 远程执行漏洞、快捷方式文件解析漏洞、打印机后台程序服务漏洞、内核模式驱动程序漏洞、口令硬编码	未发现
攻击入口	USB 摆渡、人员植入	邮件发送带有恶意代码宏的文档
前置信息采集和环境预置	可能与 DUQU、FLAME 等病毒相关	采集打击一体
通信与控制	高度严密的加密通信与控制体系	相对比较简单
恶意代码模块情况	庞大严密的模块体系，具有高度的复用性	模块体系，具有复用性
抗分析能力	高强度的本地加密，复杂的调用机制	相对比较简单，易于分析
数字签名	盗用三个主流厂商数字签名	未使用数字签名
攻击成本	超高开发成本 超高维护成本	相对较低

3.4　某石化公司 SCADA 系统攻击事件分析

2015 年 5 月 23 日，上海市奉贤区人民法院宣判了一起破坏 SCADA 系统的案件。涉案人员徐某、王某以谋取维修费用为目的，由徐某针对某石化公司 SCADA 系统开发了一套病毒程序，王某利用工作之便，将此病毒程序植入该公司 SCADA 系统的服务器中，导致 SCADA 系统无法正常运行，软件公司先后安排十余名中外专家均无法解决问题。此时，两名嫌疑人再里应外合，由公司内部的王某推荐开发病毒程序的徐某前来"维修"，骗取高额维修费用，实现非法牟利。

分析：为了杜绝类似事件的发生，不仅要加强人员管理，还应在技术上进行积极防御。

如在工控主机中部署工控防毒杀毒软件，对工控上位机与工控服务器进行全面的安全防护，监控工控主机的进程状态、网络端口状态、USB端口状态，以白名单的技术方式，全方位地保护主机的资源使用，使恶意软件无所遁形，自然也就不会发生上述案例中的事件。

3.5 国内企业遭遇"黑天鹅"安全门

2015年3月，国内某设备生产制造企业遭遇"黑天鹅"安全门事件，报道称其设备存在严重安全隐患，部分设备被非法控制。

1. 技术分析

该企业安防监控设备主要存在以下三个方面安全风险。

(1) 容易被黑客在线扫描发现。黑客至少可以通过三种方式探索发现该企业安防监控产品：通过百度、Google等网页搜索引擎检索该企业产品后台统一资源定位符(Uniform Resource Locator, URL)地址，通过Shodan等主机搜索引擎检索该企业产品HTTP/Telnet等传统网络服务端口关键指纹信息，通过自主研发的在线监测平台向海康威视产品私有视频通信端口发送特定指令获取设备详细信息。

(2) 弱口令问题普遍存在，易被远程利用。据监测统计，有超过50%的某产品的root口令和Web登录口令均为默认口令。

(3) 产品自身存在安全漏洞。该企业产品在处理实时流传输协议(Real Time Streaming Protocol, RTSP)请求时缓冲区大小设置不当，被攻击后可导致缓冲区溢出甚至被执行任意代码。

2. 措施

有效保护设备安全的措施是使用安全监管平台，它具有如下功能。

(1) 安全终端管理：统一控制配置、管理安全终端，对安全终端部署安全规则，监测终端所在网络的通信流量与安全事件。

(2) 源头事件追踪：对于保护终端所产生的安全事件和平台系统事件进行行为关联性追踪，找到引起当前结果事件的源头事件，为分析从源头事件到结果事件的整个过程提供依据。

(3) 基准行为审计：建立工业控制网络日常行为基准，对当前网络的异常行为做实时动态的行为审计，找到控制网内符合协议规范，但不符合企业日常生产规律的隐秘异常的行为，帮助发现内部误操作、内部攻击等不易发现的安全威胁。

(4) 网络拓扑管理：专业的工业控制网络拓扑构建和管理工具，提供丰富的资产信息展示功能，同时关联多种安全分析工具，呈现丰富的功能视图，对拓扑管理进行颠覆式的功能改进，帮助用户最大化地了解自身工业控制网络。

(5) 系统入侵检测：对网络的当前和历史行为与事件进行工业控制安全入侵分析、检测与发现，发现HaveX、Sand-Worm、Stuxnet等APT攻击和工业病毒的入侵痕迹，提供对应的防护修护策略。

3.6　波兰航空公司的地面操作系统遭黑客攻击事件分析

事件：2015 年 6 月 21 日，波兰航空公司的地面操作系统遭黑客攻击，致使出现长达 5 小时的系统瘫痪，至少 10 个班次的航班被迫取消，超过 1400 名旅客滞留在华沙弗雷德里克·肖邦机场。

措施：安全出行极其重要，对于危险我们要提早发现才能有效响应。监测审计平台能够帮助运营商更好地把握工业控制系统动态，它具有以下特点。

（1）实时网络监测：对工业控制网络数据、工业控制设备间的网络流量监测进行实时监测、实时告警，帮助用户实时掌握工业控制网络运行状况。

（2）网络安全审计：对网络中存在的所有活动提供行为审计、内容审计，生成完整记录，便于事件追溯。

（3）工控异常行为审计：基于工业协议的深度包解析白名单和黑名单的工控异常行为审计，协助用户发现网络中存在的违规下发的控制操作。

（4）未知设备接入监测：对工业控制网内未知的设备接入进行实时告警，迅速发现网络中存在的非法接入。

习　　题

一、填空题

1. 在化工等工业体系中，工业控制系统以（　　　　）为主，属于闭环自动控制系统，仪表控制系统以及 DCS 均属于（　　　　）。

2. "震网"病毒（英文名称为 Stuxnet）是一款针对（　　　　）进行攻击的特种病毒。

3. 目前变电站（　　　　）系统可以实现远程数据采集、远程设备控制、远程测量、远程参数调节、信号报警等功能。

二、思考题

1. "震网"病毒是如何攻击工业控制系统的？

2. BlackEnergy 病毒是如何侵入电力系统的？

第四章 工业控制系统入侵检测技术

入侵检测系统(Intrusion Detection System, IDS)通过对系统行为的实时监测、分析，来检测异常的入侵行为，在攻击行为产生破坏之前进行报警等。

4.1 传统网络入侵检测系统简介

在现有的安全体系中，入侵检测系统以旁路监听的方式，对待检测系统进行实时监控，检测并响应入侵事件，以实现对系统信息流的安全防护。

入侵检测系统的活动图如图4-1所示。

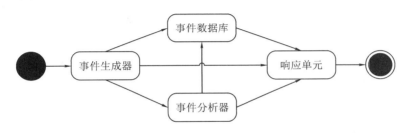

图4-1 入侵检测系统的活动图

其中，事件生成器、事件分析器、事件数据库和响应单元是系统活动图的基本组成部分。

(1) 事件生成器(Event Generators, E)，事件生成器从应用环境中采集数据信息，并将数据信息按照入侵检测对象的标准格式化，然后传递给入侵检测系统活动图的其他组件。

(2) 事件分析器(Event Analyzers, A)，事件分析器接收来自事件生成器的数据信息，采用统计模型工具、特征检测工具、关联分析器等分析方法对数据信息进行分析处理，将分析结果传送到事件数据库和响应单元。

(3) 事件数据库(Event Data Bases, D)，事件数据库存放来自事件生成器和事件分析器传递的数据信息，同时将数据信息传递给响应单元，为入侵检测提供检测标准依据。

(4) 响应单元(Response Units, R)，响应单元根据事件生成器、事件分析器、事件数据库传递的信息，对处理好的数据信息进行实时响应，如果发现入侵行为，将会采取一系列保护措施。

各个模块互相传递信息、通力协作，实现对系统的安全防护。

入侵检测系统作为网络安全技术战略研究中的第二道防线，有着重要的研究意义。如今，入侵检测系统技术日益发展、逐步走向成熟，故入侵检测系统的结构分类更加的专业化、系统化。图4-2介绍了入侵检测系统的结构分类。

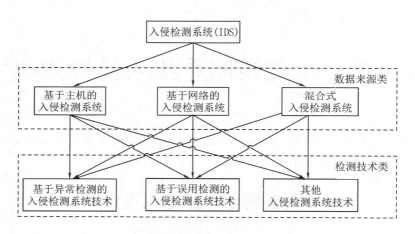

图 4-2　入侵检测系统结构分类图

　　入侵检测技术将待检测设备中的数据流信息作为分析源，对数据流信息中的异常信息进行分析。入侵检测系统根据分析源可以划分为三类：基于主机的入侵检测系统、基于网络的入侵检测系统和混合式入侵检测系统。结合入侵检测技术中的异常检测技术、误用检测技术和其他入侵检测技术，来对数据流信息进行分析、处理，从中提取检测规则来识别攻击。

4.1.1　基于主机的入侵检测系统

　　基于主机的入侵检测系统被用来检测待检测主机设备的进程状态、日志信息及其他属性信息等，如查看用户登录状态、用户对文件的操作权限、用户进行敏感操作等信息，对其中的异常行为进行识别，并在一定时间内做出响应，在入侵者破坏之前，对攻击行为进行报警。

　　基于主机的入侵检测系统随着技术不断地发展、改进，逐步走向成熟，且具有一定的技术优势，比如：

　　（1）基于主机的入侵检测系统直接对待检测主机设备的信息进行监控、分析，能够快速识别、并响应入侵行为，有较低的误报率，对主机系统的防护效率比较高。

　　（2）基于主机的入侵检测系统可以系统化的分析待检测设备的日志信息，从中识别那些经过键盘进行攻击的行为。

　　（3）基于主机的入侵检测系统不需要监听网络数据流中的信息，减少了由于监听数据流而带来的带宽消耗。

　　当然，基于主机的入侵检测系统在技术上仍然存在不足。

　　（1）基于主机的入侵检测系统完全依赖于待检测设备上的日志信息，不能满足日益发展的网络安全需求。

　　（2）基于主机的入侵检测系统需要部署在待检测设备上，在一定程度上消耗待检测设备的资源，影响设备的性能。

　　（3）由于主机与主机之间系统、配置信息存在较大的差异，可移植性较低，部署成本高。

4.1.2　基于网络的入侵检测系统

基于网络的入侵检测系统被部署在待检测设备的网络节点上，通过分析网络信息流中的特征信息和内容信息，从中提取关键字段特征值、频率或阈值、时间等相关特征，对网络中的数据包进行实时检测，来识别网络中的入侵行为。

基于网络的入侵检测系统具有一定的技术优势。

（1）基于网络的入侵检测系统镜像网卡中的数据流信息，采用相关技术，分析数据流信息中异常行为，异常行为一经识别，就会被快速响应、处理，具有检测速度快，监听范围广等优点。

（2）基于网络的入侵检测系统从网络数据包中分析入侵行为，与被保护的主机系统及配置信息无关，可以被部署到专用的机器上来进行检测，不占用被检测主机的资源，有很好的移植性。

（3）基于网络的入侵检测系统可以实时监控网卡中数据流的信息，从数据流中提取黑客的地址、入侵手段等特征，不仅可以发现已经成功入侵的行为，还可以发现攻击者的攻击意图，防患于未然。同时，基于网络的入侵检测系统能够对同一个区域内所有设备的网关进行监控，大大降低了检测成本。

其主要缺点如下：

（1）基于网络的入侵检测系统的监控范围受限于网络区域，每个检测系统仅仅可以监控同一个区域内设备网关的数据流量。

（2）基于网络的入侵检测系统通常分析数据包信息特征，以此来提高检测速度，但检测出的入侵攻击相对简单，如需检测复杂入侵攻击，需要大量计算或分析，不能及时响应。

4.1.3　混合式入侵检测系统

由于基于主机的入侵检测系统和基于网络的入侵检测系统都存在一定的优势和不足，所以，一种结合了上述两种技术优势的检测技术被设计而成。混合式入侵检测系统涵盖了上述两种入侵检测系统的优势，规避了它们的不足，不仅可以识别网关数据流量的异常行为，还可以识别主机信息中攻击痕迹，在检测性能上也有了很大的提升。

4.2　入侵检测技术概述

入侵检测技术作为网络安全技术战略研究中的关键一环，起着至关重要的作用。随着入侵检测技术技术不断地发展，使得入侵检测技术中的异常检测和误用检测不断地完善，而且随着一些新型方法不断增加到原有检测系统中，现在入侵检测技术不仅可以识别来自待检测设备内、外部的攻击，还在一定程度上弥补了异常检测假阳性高和误用检测假阴性高的不足。入侵检测技术主要分为三大类：异常检测技术、误用检测技术以及其他入侵检测技术。

4.2.1　异常检测技术

目前，异常检测是入侵检测技术中的主要方式之一，它通过分析日志文件或网络流量中用户行为的相关性，从中提取正常活动的规则模型，然后利用正常活动状态的规则模型与待检测的数据流量进行匹配，来判断是否属于异常。异常入侵检测的准确性依赖于建模的环境和用户行为，模型需要不断地更新和修正，才能精确地识别未知的攻击行为，为目标主机系统提供了健全的安全防护机制。常用的异常检测技术如下：

（1）基于统计原理。它收集所观察系统、用户的数据，对其进行量化分析、归纳总结，从中提取正常活动的关键特征字段，然后根据概率论建立规则模型，识别待测数据流量中的异常数据。

（2）基于特征选择技术。它是异常入侵检测技术中的常用关键技术，它从所观察系统、用户信息中找出一组最有效的特征来建模。目前，主要从两个方面进行提取特征：一方面从候选特征中提取一部分维度更加细化的特征子集来表示自身的属性；另一方面从候选特征中提取一部分特征子集来划分不同的类别。基于特征选择的技术在一定程度上减少了特征集的颗粒度，在保持高精度检测的情况下，提升了入侵检测系统的效率。

（3）基于数据挖掘。它依赖于系统、用户数据信息，从系统日志、网络数据中抽象提取正常行为的规律，从而识别异于正常规则的行为。基于数据挖掘的入侵检测系统可以从大量数据流信息中挖掘数据的基本信息和潜在规律，但仍然存在两个关键的难题急需克服：一方面是检测精度问题，用户行为特征属性种类繁多，用户行为的相似度如何计算，才能提高检测精度；另一方面是阈值选取问题，选择不同的阈值，将会产生不同的聚类效果，直接影响检测精度。

（4）基于神经网络。它从信息层面对系统、用户行为进行抽象提取，按照不同的连接方式组成不同的网络关系，从而建立系统、用户行为的特征模型。行为特征间的关系亲密度用权值表示，不同的行为间建立不同的权值关系，从而建立具有稳定性、有密切关系的网络模型。

（5）基于机器学习。其本质是空间搜索和函数泛化，通过建立模型、训练模型、反馈、应用等流程，不断的认识、学习扩展，建立一套比较完美的规则模型。

4.2.2　误用检测技术

误用检测通过分析工业控制网络处于攻击状态下的数据信息，对这些攻击信息进行抽象，从中提取具有入侵模式的特征集合，建立误用规则库，然后对目标环境、系统、网络中的用户行为进行监控，将入侵行为特征集与待检测的数据流量进行匹配，如果匹配成功，则提示发现了入侵。根据误用检测规则库的构建方式，本文将误用检测技术分为专家检测技术、模式匹配检测技术和状态转移分析检测技术三大类。

（1）专家检测技术。该技术的思想是把安全专家的知识，按照攻击者的目的、攻击者的攻击手段、系统状态等格式建立一套规则集，来自动识别系统网络中的入侵意图。专家检测技术的检测精度取决于构建的规则库是否完善，而规则库是由专家根据已有的知识进行构建、维护，由于维护困难、维护不及时等原因，很容易出现漏报警现象。

（2）模式匹配检测技术。该技术对待检测设备的信息流进行采集，然后与模式库中的特征集进行匹配，识别出与模式库中特征集匹配的异常行为。利用模式匹配检测技术，一方面有效地提升了入侵检测系统的检测效率，另一方面也减少了入侵检测系统的资源开销。

（3）状态转移分析检测技术。该技术将网络攻击分割成若干个攻击行为，每个行为使网络系统处于一个特殊的运行状态，状态与状态之间有一定的关联关系。在状态转移分析中，分析入侵对系统网络可能造成的影响，建立一系列状态转移模型，来识别基于事件序列的入侵行为。

4.2.3　其他入侵检测技术

由上文可知，异常检测技术的检测效率低下，不能实时识别网络中的异常。而误用检测技术的特征需要实时的更新、维护，如果不能及时维护，很容易造成漏报警现象。所以，新型的检测技术应运而生，这里简单介绍一下基于应用模式的检测技术和基于文本分类的检测技术。

（1）基于应用模式的检测技术。根据服务的请求类型、请求长度、请求载荷大小等特征来计算网络服务的合法阈值，从而发现与阈值相异的入侵行为。

（2）基于文本分类的检测技术。对系统进程日志进行分析，利用分类算法来分析文本的相似度，从而判断这段时间是否发生入侵。

4.3　工业控制系统入侵检测技术

在工业控制系统中，入侵检测研究主要集中在四个方面，如表4-1所示，基于工业控制网络流量的、基于工业控制网络协议字段的、基于工业控制设备状态信息的和基于工业控制系统行为模型的工业控制入侵检测方法。

表4-1　工业控制入侵检测方法分类表

入侵检测方法	数据描述	数据来源
基于工业控制网络流量的检测方法	单位时间的网络流量，数据包之间的周期性，流量的稳定性等	基于网络
基于工业控制网络协议字段的检测方法	IP地址、MAC、Modbus功能码、长度、协议标识符、功能码等	基于网络
基于工业控制设备状态信息的检测方法	控制系统采集的传感器行为数据，如传感器采集的测量数据，离散状态数据。客户机等待与响应服务器时长，会话时长等	基于网络或主机
基于工业控制系统行为模型的检测方法	控制系统的输入输出行为数据，如传感器采集的测量数据，控制器生成的控制数据等	基于网络或主机

虽然现有方案分析了攻击的特点，充分利用样本信息并考虑系统的实时性和可用性的要求，为有效检测攻击奠定了基础。但现实中更多的攻击者伪装成现场设备、在现场总线上监听和篡改监测数据，或者进行隐蔽的过程攻击。本节将介绍工业控制入侵检测的技术难点，以及检测效果较好的5种检测工业控制入侵检测技术。

4.3.1　工业控制系统入侵检测技术的难点

当前的工业控制系统在具体部署时通常涉及如下几种网络：企业办公网络（简称办公网络）、过程控制与监控网络（简称监控网络）以及现场控制系统，拓扑结构如图 4-3 所示。

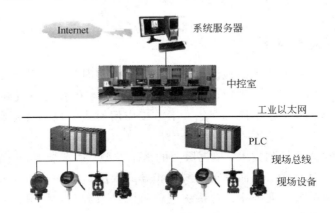

图 4-3　工业控制系统结构图

工业控制系统中的攻击按工业网络部署层次可分为以下三类：

（1）监控网攻击：来自信息空间的网络攻击，如篡改数据包，破坏其完整性。

（2）系统攻击：注入非法命令破坏现场设备，或违反总线协议中数据包格式的定义，如篡改其中某些参数，令其超出范围而形成攻击。

（3）过程攻击：命令是符合协议规范的，但违背了工业控制系统的生产过程逻辑，使得系统处于危险状态（如两个进料阀与一个出料阀不能同时打开）。

其中，监控网攻击主要来自信息空间，其安全保障可借鉴传统安全技术。现实中更多的攻击途径集中于系统攻击和过程攻击，且攻击方法已经转向慢渗透方式，仅仅统计网络流量特性已不能满足需求。目前有学者提出在检测特征中增加语义描述，如控制命令的相关参数、传感器的可信测量值等信息。这种方法可以检测出错误命令注入、篡改报文等系统攻击，已经取得了阶段性成果，但是由于没有考虑控制命令之间的行为依赖关系，检测的准确性有待提高。

造成工业控制系统安全风险依然存在的原因主要有以下几个方面。

1. 工业控制系统风险根源分析

（1）工业网络运行环境复杂。为保证工业控制系统向分布化、智能化方面发展，工业网络引入远程控制技术，其中广泛采用通用 TCP/IP 技术、无线接入技术、OPC 标准等。这些开放、透明的标准化技术为工业控制系统开辟出广阔空间，但却导致工业网络流量更加复杂，攻击者可以通过工控设备漏洞、TCP/IP 协议缺陷、工业软件漏洞等多种安全缺陷，构建更加隐蔽的攻击方法。

（2）工业网络流量具有冲击特性。工业网络常常出现冲击性背景流量，即在很短时间段内，流量由各分支节点向控制中心节点或数据中心节点汇聚，此时背景流量的主成分会急剧增大而后急剧减小，呈现冲击性特点。这种特性与攻击流量特性类似，导致无法有效识别攻击行为。

（3）传统解决方案无法移植。网络流量建模及其成因分析是检测异常流量的基础。工业网络流量包含实时流、非实时流和突发流。工业应用一般导致小数据量、高频率的循环数据交换，网络流量的平稳性、相关性、自相似性等特征与传统网络有着明显的不同。因此，无法简单移植传统网络的异常流量检测方案。

（4）硬件设计先天不足。应用于控制领域的很多微控制器没有提供硬件安全机制。Intel 的 X86 系列处理器从 80286 开始就引入了保护模式机制，以后引入的页式存储技术也进行了保护机制的设计，所以通用 CPU 的保护机制是比较完善的。但是广泛应用于工业领域的 ARM7 DM 系列芯片，内核和应用程序共享相同的地址空间，不能提供完整的安全保护。

2．工业网络攻击检测难点

企业办公网络与外部的互联网通信，存在来自互联网的安全威胁，这就需要具有较完备的安全边界防护措施，如防火墙、严格的身份认证及准入控制机制等。而监控网络通常采用 IP 或 UDP 协议，用于控制消息和操作消息的通信。由于协议未考虑安全性，因此极易受到攻击，如欺骗攻击、拒绝服务攻击、中间人攻击、端口扫描攻击等。在设计入侵检测方法时，需要结合每类攻击的特点，建立入侵检测系统模型。虽然现有方案分析了攻击的特点、充分利用样本信息并考虑系统的实时性和可用性要求，为有效检测监控网攻击奠定了基础。但现实中更多的攻击者伪装成现场设备、在现场总线上监听和篡改监测数据，或者进行隐蔽的过程攻击。所以，现有的工业入侵检测还存在如下四个难以满足实际应用需求的问题。

（1）如何正确理解控制命令的语义信息，以检测变种攻击。

（2）如何获得控制命令之间的依赖关系，以有效检测过程攻击。

（3）如何改进入侵检测算法，以满足工控网络入侵检测准确性需求。

（4）入侵检测系统是纯滞后系统，如何保证入侵检测系统及时报警，以满足工控系统的实时性需求。

基于工控网络流量的检测方法，利用工控网络流量的一些特有的性质，如：流量的稳定性、周期性等，通过一些模式挖掘的算法，构建正常流量模型用来检测异常行为。基于工控网络协议字段的入侵检测方法，主要是通过分析工控网络协议的规范，总结出正常的协议字段格式与取值范围，以及各字段之间的相互关系，构建正常的协议字段模型用来检测异常入侵行为。基于工控设备状态信息的检测方法，主要是从控制系统的传感器设备采集状态数据信息，通过统计学方法分析状态数据，构建状态数据模型来检测异常入侵，如：状态数据的取值范围等。基于工控系统行为模型的检测方法，主要是通过从工控网络流量或系统中，提取出控制系统的输入输出行为数据，利用行为数据之间的依赖关系，通过系统模型的构建方法，构建正常的行为模型来检测工控网络中的异常入侵行为。

由于篡改行为数据或控制程序的攻击只改变了数据字段值或控制算法，没有涉及网络结构，基本不影响流量模型，只通过基于工控网络流量模型检测入侵很容易产生漏报，并且这些攻击可以控制数据在正常的范围内进行攻击，只通过寄存器值的取值范围或线圈值的状态信息很难检测异常行为。

　　总之，由于目前检测技术的局限性，仍存在一些过程攻击无法被有效检测，且未来的变种会更具欺骗性，成为攻击检测的重点和难点，关于准确性这一课题还需要更具创新性的研究，或者更大量细致的完善工作。

4.3.2　变种攻击检测技术

1. 变种攻击检测技术的特点

　　攻击者为躲避检测，不断地更新功能或在一些攻击特征上进行修改，制作出更多的变种攻击，导致检测手段失效。分析衍生出的新型攻击，预测其可能出现的针对 Modbus 协议的变种攻击，总结出如下变种特点：

　　(1) 超长序列(即采用较大报文来进行攻击)。传统的 SYN Flood 攻击发送的请求报文都是 64 字节(14 字节以太网＋20 字节 IP 头＋20 字节 TCP 头＋16 字节填充＋4 字节检验)，而变种后的攻击通过发送大于 64 字节的报文，甚至多达上千字节的报文来消耗服务器 CPU。

　　(2) 虚假响应。传统 SYN 攻击发生时，由于伪造了源 IP，发出的 SYN 数据包与收到的 SYN/ACK 应答包个数差异大，比较容易检测，而变种攻击通过发送虚假的 SYN/ACK 应答使攻击源端发送的 SYN 与收到的 SYN/ACK 达到数量上的平衡，从而避免被检测出来。

　　(3) 混乱标志位。采用混乱干扰的思想，对 TCP 头的 6 个标志位(URG、ACK、PSH、RST、SYN、FIN)进行随机组合，使报文的标志位混乱，从而造成一些防火墙的处理错误而锁死，导致消耗大量的主机资源。

　　(4) 非法标志位。通过非法设置 TCP 标志位字段来进行攻击，使主机处理的资源消耗甚至崩溃，主要方式有：

　　① SYN 比特和 FIN 比特位同时设置。因为正常情况下，SYN 标志和 FIN 标志是不能同时出现在一个 TCP 报文中的。攻击者通过发送这种报文，来判断操作系统的类型，然后针对该操作系统进行攻击。

　　② 对 TCP 报文只设置 FIN 标志而不设置 ACK 标志。正常情况下，ACK 标志在除了第一个报文(SYN 报文)外，所有的报文都设置，包括 TCP 连接拆除报文(FIN 标志设置的报文)。攻击者通过发送这类型报文使目标主机崩溃。

　　③ TCP 报文头的标志位都设置为 0。在正常情况下，任何 TCP 报文都会设置 SYN，FIN，ACK，RST，PSH 五个标志中的至少一个标志，第一个 TCP 报文设置 SYN 标志，后续报文都设置 ACK 标志。而有的协议栈没有针对这种报文的处理过程，因此，若协议栈收到这样的报文可能会崩溃。

　　TCP 报文头的 6 个标志位全设置为 1。用于进行操作系统的探测。

　　④ 发送带有 RST 位的 TCP 报文段进行攻击。假设一合法用户已经同服务器建立了正常连接，攻击者构造攻击的 TCP 数据，伪造自己的 IP 为合法用户地址，并向服务器发送一个带有 RST 位的 TCP 数据段。服务器接收到这样的数据后，会认为用户 IP 发送的连接有错误，就会清空缓冲区中建立好的连接。这时，若合法用户再发送合法数据，服务器已经不存在这样的连接了，该用户就必须重新开始建立连接。

　　(5) 地址欺骗。传统的攻击都是通过伪造源 IP 地址，而衍生的变异是通过将源 IP 地址和目的 IP 地址都设置为目标计算机的地址；或是将目标地址设置为受害网络的广播地址，以使整个网络淹没等。

2. 变种攻击检测技术的分类

对于变种小的攻击，可采用误用入侵检测技术，利用攻击族的共性特征进行检测。对于变种大的攻击，采用异常入侵检测技术，进一步提高正常行为的建模准确度。所有与正常行为不一致的行为都归为入侵行为。下面介绍在检测变种攻击方面的工作。

1）误用入侵检测技术

误用入侵检测技术又称为基于特征的入侵检测，这一检测的前提是假设入侵者的活动可以用一种模式表示出来，入侵检测的目标是检测出主体活动是不是符合这些模式。所以，误用入侵检测的关键点是准确描述攻击行为的特征。

工控网络的流量具有鲜明的特点，工业现场设备通常采用轮询机制收集并上传数据，因此会呈现出高度周期性。多次攻击会引起网络流量频域范围内的变化，包括周期爆发频率的出现或消失、周期爆发持续时间的变化、噪声总量增加等。Barbosa 等人针对流量周期性设计异常检测，该方法充分利用了工控网络流量的特性，检测效率高，但在准确率上存在较大的问题。工控网络的周期性存在不确定性，由于工控网络除了实时数据轮询功能和配置功能，在配置期间网络流量的周期性无法保证，容易引起误报。因此单纯依靠周期性进行检测，将会产生很高的误报率。侯重远等人提出了工控网络流量异常检测的概率主成分分析法，通过建立基于概率主成分分析模型的变分贝叶斯秩推断的异常判据，使漏报率平均下降了 32%，有效降低了异常检测方法的误报率，这种方法仅对于攻击流量特征与正常业务类型差异比较大的情况下才有指导意义。

工业控制系统中的攻击方法已经转向慢渗透方式，仅仅统计工控网络流量特性已不能满足需求，研究者们开始采用基于行为的分析方法进行检测。Vollmer 等人应用了一种多情感的基因算法去自动提取异常行为的规则，可以为已知入侵行为建立规则，算法精度非常高，对 33 804 个数据包进行了测试，只误报了 3 个数据包。但是该方法对于每一种攻击至少生成 3 条检测规则，有些行为多达 8 条规则，影响了检测性能。Morris 针对 Modbus RTU/ASCII 协议，设计了一种基于 Snort 软件的入侵检测方法，利用 Snort 规则对上行数据和下行数据进行检测，该方法可以有效检测 Modbus 协议中出现的非法数据包，但对检测规则的制订要求非常高。Morris 于 2013 年对其进行了改进，仔细分析了 Modbus 协议的漏洞，提出了 50 个基于入侵检测系统的签名规则，检测精度得到了很大提升。

Hong 等人综合基于特征检测和行为检测的优点，提出一种基于主机和网络的集成式入侵检测系统。基于主机的入侵检测系统通过分析日志信息检测应用层攻击（如用户重复错误口令、非法拷贝文件等），基于网络的入侵检测系统通过多播信息检测网络层的异常行为攻击，能有效检测重播、篡改、中间人等攻击。为了提高检测精度，基于主机的入侵检测系统需要分析更多的系统日志，基于网络的入侵检测系统要周期更新算法。

误用入侵检测技术的关键问题是入侵行为的获取和表示，这种检测方法的特点是检测正确率高，弱点是变种攻击行为的检测能力有限。但是这个缺点并未影响其实际应用价值，由于实际情况中有些变种攻击仍使用部分已知攻击方法，该技术依然可以有效检测大部分变种攻击行为。

2）异常入侵检测技术

异常入侵检测技术是检测变种攻击的另一重要途径，它是建立用户或系统的正常行为轮廓，在早期的异常检测系统中通常用统计模型，通过统计模型计算出随机变量的观察值落在一定区间内的概率，并且根据经验规定一个阈值，超过阈值则认为发生了入侵。后来很多人工智能技术应用于异常检测，如神经元网络技术和数据挖掘技术等。

Tsang 等人采用蚁群算法和无监督特征提取的方法，重点讨论如何提高聚类算法的精度和如何针对高维数据进行降维，为工业控制系统中的入侵检测提供了一种多代理的分布式控制的检测机制。Gao 等人采用设备地址、MTU 命令、RTU 响应频率、物理特性等作为特征，应用神经网络模型检测命令和响应注入攻击。在密歇根州立大学的 SCADA 测试床上进行了攻击测试，测试结果显示中间人攻击和拒绝服务攻击的检测率非常好，但重放攻击的检测率非常低，这说明特征的选取是建立异常入侵检测模型的难点。Hadziosmanovic 等人也比较了四种基于行为的入侵检测模型（PAYL、PSEIDON、Anagram 和 McPAD），使用 n-gram 方法提取特征，测试数据集包括 Modbus 协议数据和局域网协议数据，结果显示了这四种入侵检测模型在 Modbus 协议数据集上有比较高的检测精度，但是在 LAN 数据集上的检测精度比较低，进一步说明工控网与传统网络的入侵检测系统特征选择方法有比较大的区别。

此外，Barbosa 等人提出了采用状态机和马尔科夫模型构建入侵检测模型的思路。Fovino 和 Carcano 等人实现了基于状态的入侵检测系统，实验结果表明该方法能够检测所有的潜在威胁，但作者定义的系统危险状态过于简单，能够检测的入侵行为类型较少。Hong 等人提出了两种计算方法检测能源系统中的恶意攻击，检测算法在爱尔兰都柏林国立大学（University College Dublin，UCD）的试验床上得到了检验。

由此可见，虽然研究人员在变种攻击检测方面进行了深入研究，取得了很多优秀成果，但是这些算法还存在许多问题，最大的缺点是会产生虚警率，而且结果缺乏可解释性，主要由于单纯地分析监控特征，忽略其中的形成机理，造成特征表达信息的缺失。因此，工业控制系统中的变种攻击检测技术还需要进一步的完善和发展。

4.3.3　隐蔽过程攻击检测技术

过程攻击指违背了生产过程的攻击。命令虽然符合协议规范，但违背了工业控制系统的生产逻辑，使得系统处于危险状态。检测隐蔽的过程攻击方法可分为两种：一方面，需要提取更多的上下文信息，如果信息量不充分，那么就可能存在漏报现象；另一方面，要获取工业控制系统中的领域约束逻辑，这是检测隐蔽过程攻击的关键，同时也是一个非常耗时的过程。

Carcano 等人考虑到配置命令必须通过现场总线传递给 PLC，被动地监测总线流量可以发现异常，提出了基于状态的 SCADA 入侵检测系统，包含三个模块：负载系统、状态控制器和规则分析器。设计了一种描述语言表达智能电网。收集 PLC 和 RTU 的内部寄存器值、数字量及模拟量的输入和输出，为检测特征增加了语义描述，通过关键状态距离度量值能够检测隐蔽攻击（也称水母攻击），这种攻击由合法的 SCADA 命令组合形成，但组合后的命令能导致系统进入危险状态。

与 Carcano 提出的语义检测类似，Lin 提出了一种新的基于语义的检测方法。他设计的入侵检测系统重点关注那些关键控制命令，预估系统状态。为了精确地分析由于执行命令而发生的状态变化，两类信息被用于语义分析：① 控制命令的相关参数；② 从传感器到子站的可信测量值。检测中增加了特征的上下文信息检测过程攻击。语义分析导致了入侵检测系统的性能下降，作者依靠下面两个特点来保证其实时性：① 电网中许多设备的关键执行命令是手动执行的，因此控制命令的间隔是分钟级的；② 关键命令的类型和数量有限，因此入侵检测系统语义分析计算量小。

Hadziosmanovic 等人开发了一种基于语义的网络入侵检测系统。作者采用了三个步骤确定特征及语义信息。

（1）确定 24 个关键特征变量。

（2）基于对话提取告警、控制命令等信息，增加特征变量的语义信息。

（3）确定变量间的相关性，即一组变量可以从不同角度描述一个设备，以此增加语义关联信息。作者的模型可以有效检测部分过程攻击，但特征的语义描述还不充分，作者下一步的工作将是获得更多的上下文信息，包括更多的结构协议和更多的工程配置文件。

Mitchell 和 Chen 等人一直致力于航空、医疗、电网等工业控制网络中的入侵检测系统研究，为医疗领域中的入侵检测系统增加了丰富的领域语义信息。例如生命体征观察器、病人自控镇痛设备、心脏支架等设备状态及控制参数，然后根据这些观测变量构建状态机模型。实验证明作者提出方法能够检测出低于 5% 的鲁莽攻击，低于 25% 的鲁莽和随机混合攻击。

综上所述，检测隐蔽的过程攻击已经成为近年来工业入侵检测系统的研究热点，避免漏报和语义分析是关键。如何设计新的算法，提升过程攻击的检测精度是需要进一步研究的内容。

4.3.4　基于仿真的控制器异常检测技术

仿真是建立控制器模型的一种形式，即直接模拟控制器的工作原理。工业控制系统中的控制器，如可编程逻辑控制器（PLC）等是整个工业控制系统的基础。以可编程逻辑控制器的建模方法为例，可以采用统计方法建模，如系统辨识方法；也可采用静态分析的方法，如状态空间方程等方法通过分析变量之间的依赖关系来建立模型。前者受限于统计方法自身存在的特性，预报结果同实际结果存在一定的偏差性，而后者则对程序代码过度依赖，每次变换程序代码都需要重新分析建模。相比以上两种方法，利用可编程逻辑控制器编译并执行控制逻辑代码工作原理，通过实现一个同可编程逻辑控制器功能完全相同的仿真系统，对可编程逻辑控制器建立正常行为模型，不仅模型输出结果完全同真实可编程逻辑控制器的运行结果一致，且兼顾了程序代码的执行逻辑和内存中数据的变化过程，而且当控制程序发生变动时不需要了解程序代码的功能细节就可以完成对模型的修正，相比之前两种方法在性能上有较大的提升。

1. 仿真原理

控制器的核心是对控制程序的解释和执行，因此控制器仿真建模过程的核心就是模拟控制程序编译器的工作过程。除了编译器外，仿真模型还包含通讯模块、配置模块等辅助部分，在此本文不做详述。编译器是一个将程序代码翻译成目标语言的程序，可以采用将结构化控制语言(SCL 语言)翻译成 C 语言的方式，省去了编译过程中代码优化、链接等步骤，并将翻译的结果生成中间代码和符号表，其中，中间代码就是控制器模型以 C 语言描述的一种形式。

可编程逻辑控制器中的控制程序通常由西门子语句表编程语言(STL 语言)或结构化控制语言编写。但 SCL 语言更趋向于高级语言，被广大程序开发人员接受。因此大部分控制器的仿真模型以支持 SCL 语言为主。

结构化控制语言是一种类似于 PASCAL 的高级语言，适用于 SIMATIC s7 - 300、s7 - 400、C7 以及 WinCC 的定制化语言。结构化控制语言针对可编程逻辑控制器进行了优化处理，除了输入输出、定时器、计数器、符号表外，还具有其他高级语言的特性，如循环、选择、分支、数组以及高级函数等。

仿真模型中编译器的工作步骤如图 4 - 4 所示。

步骤 1：词法分析器从程序源代码中以字符串流的形式读取内容，根据预先定义的字符串表对字符串流进行识别和分割形成单词，将单词传递给语法分析器。

步骤 2：语法分析器以单词流为输入，分析、识别出源程序的各个语法成分，并构造出一个抽象的语法树(Abstract Syntax Tree，AST)以及用于存储变量的符号表。之后根据语义规则向语法树中添加变量和相应的执行规则，形成中间代码。

步骤 3：执行引擎以添加变量和相应执行规则的语法树为输入，通过编译语法树按照执行规则计算和修改符号表中的变量值来完成程序的执行。

图 4 - 4　编译器处理步骤

1）词法分析器

在介绍词法分析器之前首先对基本概念进行定义。

定义 1：终结符是语言中用到的基本元素，一般不能再被分解。例如英语语言中的字母 A～Z 及其他标点符号、空格、回车符、换行符等。通常的程序设计语言以 ASCII 字符集作为终结符。

定义 2：非终结符是由终结符和至少一个非终结符号组成的串。非终结符通常是终结符构成字符串中的子串。

定义 3：产生式，也称重写规则，是由两个字符串构成的有序对组成，中间用一个箭头分割，箭头两侧的字符串可以由终结符及非终结符组成，形式上符合语法的一些限制。

定义 4：上下文无关文法(Context Free Grammar，CFG)可以用一个四元组进行表示，$G = (\Sigma, N, P, S)$。其中：

Σ 表示有限、非空集合，称为终结符集合、字母表或符号集。

N 表示有限、非空集合，且 $N \bigcap \Sigma = \varnothing$，称为非终结符集。

P 表示有限、非空集合，称为产生式集。

$S(S \in N)$ 称为开始符号或目标符号。

定义 5：一步推导是指将字符串中的非终结符按照产生式进行替换的一次过程。

以一个例子说明一步推导过程。假设定义的一种语言 Z 由终结符集 $\{a,b,c\}$ 中的两个字符组合而成，即 Z 语言的非终结符集为 $\{aa,ab,ac,ba,bb,bc,ca,cb,cc\}$，则语言 A 的文法可以定义如下：

$G = (\{\{a,b,c\},\{a,b\},\{a \rightarrow ab,a \rightarrow bb,a \rightarrow cb,b \rightarrow a,b \rightarrow b,b \rightarrow c\},a\})$，即当开始符号或目标符号为 a 时，可以用任何一个与 a 相关的产生式重新改写已得到的字符串 a，如用 cb 改写 a，得到字符串 cb，而 cb 中的 b 亦可以改写成为 a、b、c 中的一个，最终得到 A 语言的全部终结符集，这一过程称为一步推导。

定义 6：记号(token)指一组字符串所产生的相同的标记。如正整数、负整数、浮点数可以统一定义为数字，可以定义记号为 NUM。同时程序代码中的保留字，如 IF、ELSE 等也可以定义相应的保留记号，常见的下列结构在词法分析的过程中会被定义为记号，如关键字、操作符、标识符、常量、文字串和标点符号。

定义 7：模式(pattern)指一个记号对应的所有字符串的组合形式，如数字记号 NUM 的模式是任何数字常数等。

定义 8：记号属性指词法分析器为了向语法分析器传递信息，除了对文本信息进行记号分类外还要额外追加的其他信息。如 NUM 记号通常还要追加数字的值作为记号属性。

词法分析器的本质是将输入的控制程序代码，按照结构化控制语言的语法格式进行单词分割，将符合语法的字符串传递给语法分析器进行进一步处理。因此在词法分析器的设计过程中，采用确定的有限状态自动机的形式对文法产生式建立模型，完成单词分割。

2）确定的有限状态自动机的单词分割机制(DFA)

为了提高词法分析器的工作效率，本文采用确定有限状态自动机的方法对所有模式的产生式集进行表示，提高了单词分割的效率。

以标识符的定义正则表达式 $[a-zA-Z\_\#]+$ 为例，可以由上下文无关文法来进行形式化的描述 $G = (\{r,R,''\#'',''\_'',''+''\},\{T,F\},P,T)$。

其中，产生式集 P 表示为

$P = T \rightarrow Tr''+''B, \, T \rightarrow TR''+''F, \, F \rightarrow F''\_''''+''F, \, F \rightarrow F''\#''''+''F, \, F \rightarrow T$

这里，r 表示小写字母表中的任意符号，R 表示大写字母表中的任意符号，"+"表示允许同一终结符重复多次。从文法定义上可以看出终结符集中五个终结符的不同优先级，r,R 的优先级高于其他三个终结符的优先级。

而对于以上的产生式，可以由一个确定有限状态自动机的形式进行表示，每一次产生式的一步推导可以视为是一次有限状态自动机的状态转移过程。一个确定有限自动机是由一个五元组组成的：$M = (\Sigma, Q, \Delta, q_0, F)$

其中：Σ 是输入字母表；Q 是有限的状态集合；$q_0 \in Q$ 是开始状态；$F \subseteq Q$ 是终止状态集合；Δ 是状态转移函数。由标识符确定的有限状态自动机如图 4-5 所示。

当对标识符字符串进行分析时，遇到空格或其他文法中终结符以外的字符时完成对标识符的分析，并返回标识符模式的记号(变量记号："T_VAR")给语法分析器。

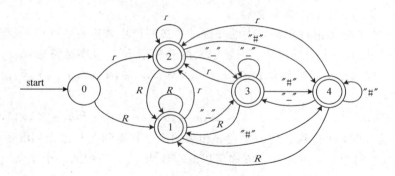

图 4 - 5　标识符的确定有限状态自动机

3）语法分析器

每一种程序设计语言都具有描述程序语法结构的规则。例如 Pascal 语言开发的程序是由程序块组成，程序块由语句组成，语句由表达式组成，表达式由记号组成。如上文所说，结构化控制语言是一种类似于 Pascal 的高级语言，其语法结构同 Pascal 语言几乎一致。而语法分析器的作用就是利用形式化的语言创建能够描述结构化控制语言的语法树，并且利用语法树和词法分析器反馈的记号以及记号属性创建建立符号表及中间程序代码。

目前，大部分程序设计语言的语法规则都可以用上下文无关文法（Context Free Grammar，CFG）来描述。抽象语法树（Abstract Syntax Tree，AST）是一种描述上下文无关文法的推导工具。对于程序代码而言，抽象语法树上的每一个节点都代表源代码中的一种结构。

例 1：对程序代码 rCycle：＝DINT_TO_REAL（TIME_TO_DINT（CYCLE））/1000.0；建立抽象语法树，其结果如图 4 - 6 所示。

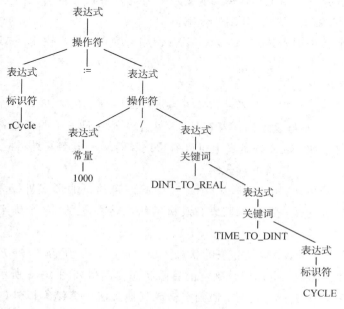

图 4 - 6　例 1 程序建立的语法树

根据定义 9，例 1 中产生式集可以表示为 $P=\{$操作符→表达式"：="表达式，操作符→表达式"/"表达式，表达式→操作符，表达式→关键字，表达式→标识符，表达式→常量，关键字→"DINT_TO_REAL"表达式，关键字→"TIME_TO_DINT"表达式$\}$。虽然例 1 只是一段简单的程序代码，但是根据其生成的产生式集可以推导出结构化控制语言包含赋值、除法、函数运算的一般表达式的所有组合形式。本文用 BNF 范式[45]的形式对结构化控制语言的全部语法树进行了描述。以例 1 形成的产生式集 P 为例，Expression 表示表达式、number 表示常量、keyword 表示关键字、Identifier 表示标识符、Operator 表示操作符，那么产生式集用 BNF 范式的形式可以表示为图 4-7 所示。

```
1.   Expression:
2.        Operator
3.        | Identifier
4.        | keyword
5.        | number
6.     ;
7.   Operator:
8.        Expression":= " Expression
9.        | Expression"/" Expression
10.      ;
11.  Keyword:
12.      "DINT_TO_REAL" Expression
13.      | " TIME_TO_DINT" Expression
14.      ;
```

图 4-7　例 1 产生式集的 BNF 范式表达方法

在获得了 BNF 范式描述的语法树后，需要一套分析方法将词法分析器反馈来的记号、记号属性，按照 BNF 范式描述的规则对应到语法树中，以便生成符号表和中间程序代码。这一过程如图 4-8 所示。

图 4-8　语法分析器在编译器中的位置

LEMON 语法分析生成器 LALR(1)分析法是自底向上分析法中最重要的分析法之一，其分析能力介于 SLR(1)和 LR(1)之间，且分析表的规模远小于 LR(1)分析器，因此 LALR 更适宜创建语法分析器。因此本文利用 Bison 根据预先编写的 BNF 范式语法树描述自动生成 LALR(1)语法分析器。

4）符号表及中间代码

当语法分析器分析产生语法树的同时，会根据词法分析器传送来的标识符记号创建符号表。符号表中每个存储变量的存储结构体由五部分构成，包括变量名称、存储变量值的联合体、标明变量类型的标志位、标识变量引用次数的计数器和一个脏数据标志位。如果该变量在当前代码段执行结束时引用次数为零，则会由资源回收机制释放该变量所占的存储空间；如果计数器小于 0 则表示当前变量值为脏数据。存储变量的数据结构如图 4-9 所示。

```
1.    Struct ofzval_struct{
2.          String Name;
3.          Union Zval_value;
4.          Int Refcount;
5.          Int type;
6.          Bool Is_dirty
7.    }
```

图 4-9　存储变量节点的数据结构

语法分析器在将函数声明语句的语法树转变为符号表的同时，还要将其他表达式根据语法树生成相应的中间代码。首先需要说明本文生成的中间代码的存储结构。中间代码的存储结构是一串一维的单向链表（ZNODE_ARRAY）。当语法分析器对词法分析器反馈的标记创建语法树时会创建相应的中间代码节点（ZNODE），并将该 ZNODE 追加到链表尾部，当执行引擎执行中间代码时会从上到下遍历单向链表。

同上下文无关文法中产生式的思路一样，ZNODE 可以理解为一个终结符，有产生式同它对应，使得 ZNODE 可以组成描述表达式的所有语法。该产生式可以表示为 $P = \{$ZNODE→ZNODE_ARRAY，ZNODE→ZVAL_STRUCT，ZNODE→VMPLC_OP$\}$，其中，VMPLC_OP 是二元运算结构体，是语法树的内节点。VMPLC_OP 中包含运算节点 ZNODE_1、运算节点 ZNODE_2、运算方法指针 HANDLER 以及运算结果节点 ZNODE_RESULT。ZNODE_ARRAY 的结构如图 4-10 所示。

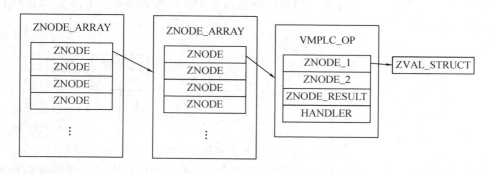

图 4-10　中间代码的存储结构

以 ZNODE_ARRAY 形式存储的是各个程序块以及程序块中的程序代码，是不含运算符的上下文关系。而 VMPLC_OP 中存储的是含有运算符或关键词的表达式。以例 1 为例，这段程序代码表达式生成的中间代码如图 4 - 11 所示。

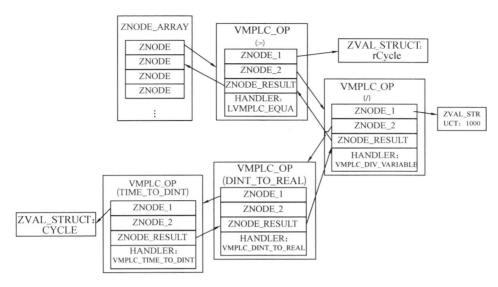

图 4 - 11　例 1 表达式生成的中间代码

　　其中 ZVAL_STRUCT 中包含的变量节点是符号表中变量节点的指针地址，因此只在形成中间代码时需要完成一次符号表的遍历工作。一旦中间代码生成完毕，执行引擎执行中间代码的过程中是不需要再次查询符号表的。

　　5）执行引擎

　　当词法分析器和语法分析器完成符号表建立及中间程序代码生成的工作之后，编译器程序已经可以在不依赖控制逻辑程序结构化控制语言代码的情况下直接通过执行中间代码的方式实现控制逻辑程序的功能。

　　执行引擎执行中间代码时首先创建一个指向根 ZNODE_ARRAY 结构体的指针，自顶向下的遍历 ZNODE_ARRAY 结构体。执行步骤如下：

　　步骤 1：读取指针指向的 ZNODE 结构体，判断结构体中存储的数据类型。

　　步骤 2：如果 ZNODE 结构体中存储的是 ZNODE_ARRAY，则将当前的根ZNODE_ARRAY 结构体和指针压入堆栈中缓存，将当前的执行环境变量替换为目标 ZNODE_ARRAY 结构体，替换的环境变量包括创建新的缓存堆栈，创建新指针指向目标 ZNODE_ARRAY 顶端。

　　步骤 3：如果指针指向的是 VMPLC_OP 结构体，则判断 ZNODE_1 结构体及 ZNODE_2 结构体是否为空，如果为空则判断是否符合 HANDLER 指针指向方法的最小输入参数要求，不符合则报出语法错误。

　　步骤 4：读取 ZNODE_1 和 ZNODE_2 结构体中的数据。如果结构体中存储的是 ZNODE_ARRAY 或 VMPLC_OP 则重复步骤 2 或步骤 3。将步骤 2 或 3 的执行结果返回。如果存储的是 ZVAL_STRUCT 变量节点，则直接读取变量值。

　　步骤 5：调用 HANDLER 指向的方法，并将 ZNODE_1 和 ZNODE_2 的数据作为输入传入到 HANDLER 方法中，如果 HANDLER 方法的输入超过 2 个，则直接将变量以

ZNODE_ARRAY 的形式传入。

步骤 6：将步骤 5 的执行结果以指针的形式存储到 ZNODE_RESULT 中，并将 ZNODE_RESULT 返回给上级 ZNODE 节点。如果存在赋值操作，则会在调用 HANDLER 方法时直接修改 ZVAL_STRUCT 中的变量值。

步骤 7：如果当前 ZNODE_ARRAY 遍历结束，则从堆栈中弹出上一次压入的环境变量并恢复；如果遍历未结束则将指针下移指向下一个 ZNODE 节点，重复步骤 1～7 直至遍历完成。

在执行引擎执行中间代码的过程中，符号表会根据执行结果实时修改变量的值。

2．系统部署位置

为了保证工业控制系统运行的稳定性，基于仿真的控制器异常检测系统采用并联的方式接入工业控制网络，与控制器如 PLC 等并行连接，如图 4-12 所示。

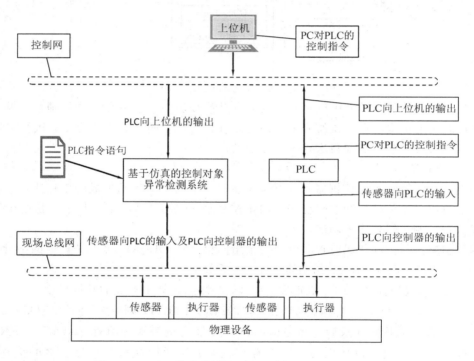

图 4-12　基于仿真的控制器异常检测系统部署位置图

当工业控制网络中采用的工业以太网技术时，底层物理设备采用工业以太网的方式同控制器通信，控制器异常检测系统则直接同控制器通信，利用配置模块中存储的变量类型和地址，从控制器内存中获取传感器的数据。

4.3.5　基于行为的入侵检测技术

基于工业控制网络流量的检测方法，利用工业控制网络流量的一些特有的性质，如：流量的稳定性、周期性等，通过一些模式挖掘的算法，构建正常流量模型用来检测异常行为。基于工业控制网络协议字段的入侵检测方法，主要是通过分析工业控制网络协议的规范，总结出正常的协议字段格式与取值范围，以及各字段之间的相互关系，构建正常的协议字段模型用来检测异常入侵行为。基于工控设备状态信息的检测方法，主要是从控制系统的传感器设备采集状态数据信息，通过统计学方法分析状态数据，构建状态数据模型来检测异常入侵，如：状态数据的取值范围等。基于工业控制系统行为模型的检测方法，主要是通过从工业控制网络流量或系统中，提取出控制系统的输入输出行为数据，利用行为数据之间的依赖关系，通过系统模型的构建方法，构建正常的行为模型来检测工业控制网络中的异常入侵行为。

1. 工业控制系统的控制回路

一个典型的工业控制系统的控制回路，如图 4 - 13 所示，由人机界面、工程师站、远程诊断工具和控制回路组成，并使用工业网络协议进行通信。人机界面是用来监视控制过程的，并且能通过历史数据服务器显示控制过程的历史状态信息等。工程师站是用来配置控制算法和调整控制参数的。远程诊断工具用来预防、识别和恢复异常状态或用于故障的诊断和维护。控制回路包括传感器、控制器（例如：DCS、PLC 等）、执行器（例

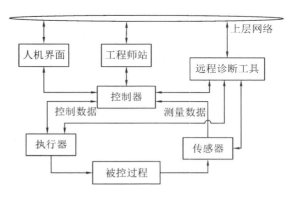

图 4 - 13 典型工业控制系统控制的控制回路

如：控制阀、变频器、开关等）。工业网络协议是控制器与控制器或控制器与工程师站、人机界面、执行器和传感器等进行通信的工业控制网络协议。工业控制过程包括从传感器获取测量数据传送到控制器，控制器接收到测量数据再通过控制算法或控制程序产生控制数据，并从控制器传送控制数据到执行器，随后被控对象或被控过程根据执行器响应并产生新的测量数据，再次被传感器获取并传送到控制器中。控制过程在一个从几毫秒到几分钟不等的周期时间内连续运行。

攻击者为了控制和破坏工业控制系统，通过内部员工、维修人员等方式直接将病毒植入到工业控制系统中，或者通过分析工业控制系统的基本网络拓扑结构，利用黑客技术直接入侵到工业控制系统内部。一旦入侵到工业控制系统内部，攻击者就可以通过控制、修改人机界面获取的工业现场数据信息，使人机界面始终显示工业控制系统处于正常工业生产状态，欺骗内部的监控人员。然后通过工程师站、人机界面或远程诊断工具等和控制器通信，篡改控制器程序、控制器程序参数、控制器从传感器接收的测量数据、控制器发送给执行器的控制数据等，破坏工业控制系统正常运行。

通过分析攻击者可能的入侵目的、入侵攻击点、入侵方式及入侵过程，发现攻击者为了破坏工业控制系统会改变工业控制系统的正常状态和正常行为。工业控制系统的状态信息能通过判断测量数据和控制数据是否在合法范围内进行检测，但如果攻击没有改变网络结构，没有改变通信流量特性，只是在合法范围内按照攻击者的意图修改测量数据、控制数据，则基于工业控制状态信息的范围合法性检测、基于工业控制协议字段的合法性检测和基于流量统计模型的异常检测都不能很好地检测入侵。而通过控制和被控过程的正常输

入输出数据的依赖关系的数据模型来描述控制行为和过程行为的正常行为模型，能精确的检测改变正常行为的入侵行为。

2. 基于行为的入侵检测技术

在工业控制系统控制回路中，测量数据和控制数据体现了被控对象或被控过程和控制器、控制程序或控制算法的状态和行为，本文把这些数据统称为行为数据。控制器、控制程序或控制算法通过测量数据计算出了控制数据，则测量数据与控制数据之间的依赖关系体现了控制行为；被控对象或被控过程通过控制数据响应产生了新的测量数据，则控制数据与测量数据之间的依赖关系体现了过程行为。基于工业控制状态信息的范围检测方法、基于工业控制网络协议的字段检测方法和基于流量模型的统计检测方法存在检测精度不高的问题，基于行为模型的工业控制异常检测方法可以解决上述问题，基于行为的工业控制异常检测系统模型如图 4-14 所示。

通过控制和被控过程的正常输入输出数据的依赖关系，构建数据模型来描述控制行为和过程行为的正常行为模型，能精确的检测改变正常

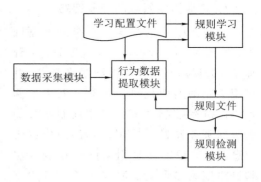

图 4-14　基于行为的入侵检测系统模型

行为的入侵行为。但由于现有的开源入侵检测系统框架，大部分都是根据协议字段和流量模型检测的误用检测系统，不能满足网络流量中行为数据序列的提取和行为模型构建，也不提供行为模型计算的框架结构。基于行为的入侵检测系统通过过程行为数据之间的依赖关系，构建控制行为模型和过程行为模型，将正常的行为模型转化为规则用于入侵检测模型中，能够有效地对控制器（PLC 等）的控制行为和被控对象（水槽液位等）的过程行为的异常进行检测。

基于行为的入侵检测系统包括数据采集模块、行为数据提取模块、规则学习模块和规则检测模块，信息文件分别包括学习配置文件和规则文件。下面简述各模块及模块之间的关系，具体如下：

数据采集模块与行为数据提取模块进行交互。数据采集模块从工业控制网络环境中，利用 WinPcap 工具捕获数据包，将其保存到系统的一级缓存队列中，再过滤工业控制 Modbus TCP 协议的数据包到二级缓存队列中，为行为数据提取模块提供数据。

行为数据提取模块包括规则学习模块和规则检测模块两种模式。此模块从学习配置文件或规则文件中提取使用行为数据地址列表，再通过 Modbus TCP 协议的深度解析，判断从二级缓存队列中提取的数据包是否符合 Modbus TCP 的请求和响应会话，是否包含在使用行为数据地址列表中，是否是读写行为数据的功能码，如果不是则丢弃，如果是则提取对应的行为数据值和行为数据地址，并且如果规则学习字典或者规则检测字典中的包含此行为数据地址，则将此行为数据保存到对应的输入输出行为数据列表中，为规则学习模块和规则检测模块提供数据。

规则学习模块通过学习配置文件的每一条规则中的行为数据地址列表，从规则学习字典中数据列表获取计算数据，通过基于数据依赖的行为模型构建方法，计算行为模型的模

型结构和模型参数,构建正常的控制行为模型和过程行为模型,再通过行为模型的转化过程转化为状态空间方程。最后,将规则学习参数中的行为数据地址、行为数据地址保存到规则中,再将行为模型的输入滞后与输入阶数值之和的最大值、输出滞后最大值、输入输出最大值也保存到规则中。

规则检测模块通过规则文件的行为数据地址提取行为数据值,用规则中的状态空间参数和输入输出最大值,组成状态空间方程,计算输出值,然后和提取的行为输出数据计算出绝对误差值,再通过阈值检测方法检测是否存在入侵行为,如果存在则产生报警并保存到报警文件。

1）学习配置文件

学习配置文件如图 4-15 所示,包括:输入、输出行为数据的个数 r、m;输入、输出行为数据地址列表及其数据类型;输入的滞后、阶数的取值范围和输出的阶数的取值范围;规则学习的输入输出行为数据序列长度 L。输入行为数据的地址值描述了哪些行为数据是输入,输出行为数据的地址值描述了哪些行为数据是输出。数据类型描述了行为数据序列提取过程中数据解析的数据类型及数据编码格式。输入的滞后、阶数和输出的阶数的取值范围描述了用于正常行为模型构建方法的 n_a、$n_{b_{ij}}$ 和 d_{ij} 的遍历范围。

```
<Configs>
  <Config>
    <Protocol>ModbusTCP</Protocol>
    <DeviceModel>水槽</DeviceModel>
    <InputCount>r</InputCount>
    <OutputCount>m</OutputCount>
    <InputList>40100, float;40102, float;...</InputList>
    <OutputList>40110, float;...</OutputList>
    <InputDelay>[1:10, 1:10,...;...]</InputDelay>
    <InputOrder>[1:10, 1:10,...;...]</InputOrder>
    <OutputDelay>1:10;...</OutputDelay>
    <ListLength>L</ListLength>
  </Config>
  <Config>
    <Protocol>ModbusTCP</Protocol>
    <DeviceModel>PID控制器</DeviceModel>
    <InputCount>r</InputCount>
    <OutputCount>m</OutputCount>
    <InputList>40120, float;40122, float;...</InputList>
    <OutputList>40130, float;...</OutputList>
    <InputDelay>[1:5, 1:5,...;...]</InputDelay>
    <InputOrder>[1:5, 1:5,...;...]</InputOrder>
    <OutputDelay>1:5;...</OutputDelay>
    <ListLength>L</ListLength>
  </Config>
        ......
</Configs>
```

图 4-15　学习配置文件信息

2）规则文件

规则文件如图 4-16 所示，包括：输入输出最大值 α；输入、输出行为数据地址值列表及数据类型；正常行为模型的状态空间参数 $[A]$、$[B]$、$[C]$、$[D]$；阈值 M_T 或 C_T；阈值短序列长度 N_1 或 N_2。输入、输出行为数据地址值描述了输入、输出数据在 Modbus TCP 应用层对应的地址编码，数据类型描述了数据对应的编码方式。正常行为模型的状态空间参数和输入输出最大值用来描述状态空间方程的计算信息，用于计算绝对误差值。阈值和阈值短序列长度用于阈值检测方法的异常检测。

```
<Rules>
  <Rule1>
    <Content>
      <MaxNumber>α₁</MaxNumber>
      <Input>40100, float; 40102, float</Input>
      <Output>40110, float</Output>
      <StateSpaceModel>[A][B][C][D]</StateSpaceModel>
      <Error>Mₜ</Error>
      <ErrorLength>N₁ </ErrorLength>
    </Content>
  </Rule1>
  <Rule2>
    <Content>
      <MaxNumber>α₂</MaxNumber>
      <Input>40120, float; 40122, float</Input>
      <Output>40130, float</Output>
      <StateSpaceModel>[A][B][C][D]</StateSpaceModel>
      <Error>Cₜ</Error>
      <ErrorLength>N₂</ErrorLength>
    </Content>
  </Rule2>
  ……
</Rules>
```

图 4-16　规则文件信息

3）行为数据序列提取模块

行为数据提取模块用于为规则学习模块或规则检测模块提取行为数据序列。此模块首先判断是规则学习模式，还是规则检测模式。如果是规则学习模式，则从学习配置文件中提取使用行为数据地址列表；如果是规则检测模式，则从规则文件中提取使用行为数据地址列表。

具体的行为数据提取模块的系统程序流程如图 4-17 所示，具体的步骤如下：

（1）启动行为数据提取模块。

（2）判断是否是规则学习模式，如果是则执行（3），如果不是则执行（5）。

（3）从学习配置文件中的输入输出行为数据地址中，提取使用行为数据地址列表。

（4）构建字典，通过学习配置文件中的每一条规则学习配置信息，为每一条规则学习配置信息构建一个规则学习的输入输出行为数据列表。

（5）判断是否是规则检测模式，如果是则执行（6），如果不是则执行（8）。

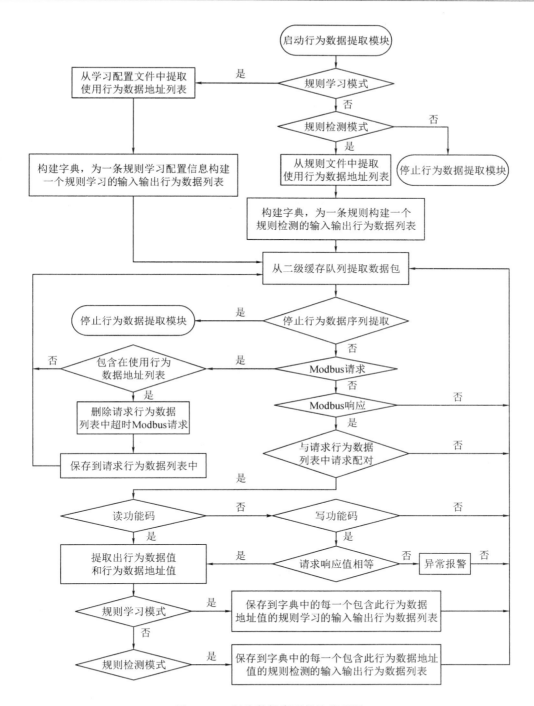

图 4-17 行为数据序列提取流程图

（6）从规则文件的所有规则的输入输出行为数据地址值中提取使用行为数据地址列表。

（7）构建字典，通过规则文件中的每一条规则信息，为每一条规则构建一个规则检测的输入输出行为数据列表。

（8）从 Modbus TCP 协议的二级缓存队列中，提取一个数据包。

（9）判断是否需要停止行为数据序列提取模块。如果需要，则停止行为数据提取模块；如果不需要，则执行（10）。

（10）判断是否为 Modbus 请求，如果是执行（11），如果不是则执行（14）。

（11）判断数据包是否包含在使用行为数据地址列表中，如果是则执行（12），如果不是则执行（8）。

（12）通过当前数据包的时间，删除请求行为数据列表中已经超时，且没有接收到响应的 Modbus 请求。

（13）将捕获的请求数据包保存到请求行为数据列表中。

（14）判断是否是 Modbus 响应数据包，如果是则执行（15），如果不是则执行（8）。

（15）判断响应数据包是否能与请求行为数据列表中的请求配对。如果能配对则执行（16），如果不能配对则执行（8）。

（16）判断是否读功能码数据，如果是则执行（17），如果不是则执行（8）。

（17）提取出数据包中对应使用行为数据地址值的行为数据值。

（18）判断是否写功能码数据，如果是则执行（19），如果不是则执行（8）。

（19）判断请求数据和响应数据是否相等，如果相等则执行（17），如果不相等则出现了异常数据，报出报警信息。

（20）判断是否是规则学习模式，如果是，则将提取的行为数据根据行为数据地址值包含在字典中的任意一个规则学习的输入输出行为数据列表中，保存到列表中，并且转到（8）；如果不是，则执行（21）。

（21）判断是否是规则检测模式，如果是，则将提取的行为数据，根据行为数据地址值是否包含在字典中的任意一个规则检测的输入输出行为数据列表中，保存到列表中，并且转到（8）。

4）规则学习模块

规则学习模块用于通过学习配置文件，学习描述控制行为和过程行为的正常行为规则。此模块通过学习配置文件中的每一条规则学习参数，描述哪些行为数据是输入，哪些是输出。这些行为数据是工控系统中的控制行为数据，或者是被控设备的过程行为数据。根据输入行为数据的滞后和输入行为数据的阶数以及输出行为数据的阶数的取值范围，提取输入输出行为数据，通过行为模型的结构估计算法，计算出不同结构参数时的模型 AIC 值。根据最小的 AIC 值对应最优的行为模型结构参数，确定模型结构参数，即 n_a、$n_{b_{ij}}$ 和 d_{ij} 的值。再通过行为模型的参数估计算法，计算出模型参数 $\hat{\theta}$ 的值。确定参数 $\hat{\theta}$ 的值后，通过行为模型的转化过程，转化为规则保存到规则文件中。

具体的规则学习模块的系统程序流程图如图 4-18 所示，具体的步骤如下：

（1）启动规则学习模块。

（2）从学习配置文件中提取规则学习信息。

（3）为学习配置文件中的每一条规则学习信息启动一个规则学习线程。

（4）线程从对应的规则学习配置信息行为模型的模型结构参数的取值范围中取一组结构参数 n_a、$n_{b_{ij}}$ 和 d_{ij}。

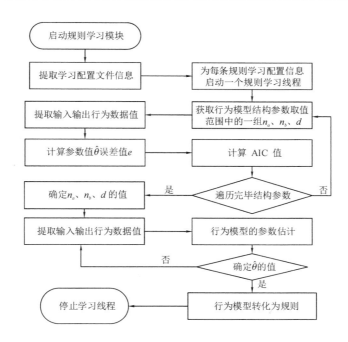

图 4 - 18　规则学习模块流程图

（5）从行为数据序列提取模块提取规则学习的输入输出行为数据序列值。

（6）根据行为模型的结构估计算法，计算参数值 $\hat{\theta}$、误差值 e 和 AIC 值。

（7）判断是否遍历完全取值范围中 n_a、n_b 和 d 值，如果是则根据最小的 AIC 值对应最优的结构参数，确定 n_a、n_b 和 d 的值；如果不是则执行（4）。

（8）从行为数据序列提取模块中规则学习的输入输出行为数据序列值。

（9）根据行为模型的参数估计算法，计算模型参数 $\hat{\theta}$，并且模型的参数值 $\hat{\theta}$ 是否满足一定的阈值条件，如果不满足则执行（8），如果满足则执行（10）。

（10）根据行为模型的转化过程，将最小二乘格式的行为模型转化为状态空间方程，并转化为规则保存到规则文件中。

（11）停止此学习配置信息对应的规则学习线程。

5）规则检测模块

规则检测模块是通过规则文件和阈值检测方法检测入侵并报警的模块。此模块根据检测字典中行为数据列表对应的行为数据值，用规则文件中的状态空间参数计算输出值，然后与提取的行为输出数据计算绝对误差值，通过阈值检测方法，判断这些行为数据是否存在错误或由于攻击引起的错误等，如果判断行为异常，产生报警信息，保存到报警文件中；如果没有异常行为，则继续执行规则文件中的每一条规则。

具体的规则检测模块的系统程序流程图如图 4 - 19 所示，具体的步骤如下：

（1）启动异常检测调度线程。

（2）获取规则文件，并从规则列表中提取一条规则信息。获取输入输出最大值、规则检测的输入输出行为数据列表和状态空间方程的参数值等。

（3）根据规则信息中的输入输出最大值，判断规则对应的规则检测的输入输出行为数据列表的行为数据个数是否满足，如果满足则执行(4)，如果不满足则执行(2)。

（4）根据规则文件中的输入行为数据地址值、输出行为数据地址值，提取出行为数据值。

（5）根据规则文件中的状态空间方程参数和提取的行为数据值构建状态空间方程，计算行为模型的输出值。

（6）根据计算的输出值与提取的行为数据队列中的输出值，计算出绝对误差值序列。

（7）根据阈值检测方法，判断是否有入侵行为。如果有则产生报警信息，并保存到报警文件中，继续执行(2)。

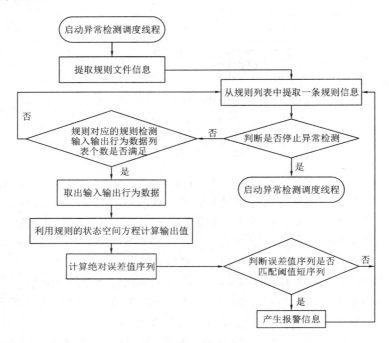

图 4-19 规则检测模块流程图

4.3.6 基于遗传算法的入侵检测技术

本节将详细阐述针对 Modbus 协议变种攻击的规则生成方法。通过提取 Modbus 协议漏洞中常见的异常特征，并根据前文描述的工控网络中的变种攻击特点，将攻击变种的行为特征应用到遗传算法操作中，产生一组针对 Modbus 协议变种攻击的最优规则集，以便检测到可能衍变的攻击。

1. 规则形式

首先通过对 Modbus TCP 协议进行深度解析，即将数据包视为具有严格定义格式的数据流，并将数据包按照各层协议报文封装的反向顺序，层层解析出来，然后，再根据各层网络协议的定义，对各层协议的解析结果进行最次解析。也就是对 Modbus TCP 协议从网络层、传输层、应用层三个层次进行分析，对数据包各层字节流信息进行分析，得到数据包各层的特征字段，如图 4-20 为 Modbus TCP 协议深度解析过程。

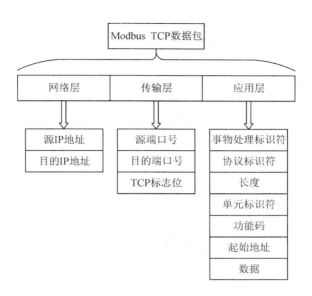

图 4 - 20　Modbus TCP 协议深度解析

另通过对 Modbus 应用层报文进行分析，可统计每个字段的字节大小及数值范围。Modbus 数据包总长度 PackageLen 不小于 54 字节，应用层长度 length 最大为 260 字节。若将各字段所占的字节大小记为 B，则可表示为

$$length = B_{MBAP} + B_{FunctionCode} + B_{Payload} \leqslant 260$$

而已知 MBAP 报文头中的长度 B_{Length} 为

$$B_{Length} = B_{Unit\ ID} + B_{FunctionCode} + B_{Payload}$$

另由于 MBAP 头部包含传输标识符、协议标识符、长度和单元标识符，则有

$$B_{MBAP} = B_{Transaction\ ID} + B_{Protocol\ ID} + B_{Length} + B_{Unit\ ID}$$

因此，有

$$length = B_{Transaction\ ID} + B_{Protocol\ ID} + B_{Length} + B_{Unit\ ID} + B_{FunctionCode} + B_{Poyload} \leqslant 260$$

正常情况下 MBAP 报文头字段值如表 4 - 3 所示。

表 4 - 3　Modbus 报文头字段

特征字段	字节数	值
Transaction ID	2	[0, 65535]
Protocol ID	2	0
Length	2	[1, 254]
Unit ID	1	[0, 247]
PackageLen		[54, 314]

Modbus 是通过请求-应答模式进行正常通信的，其针对不同的功能码，数据域各不同。图 4 - 21 为正常网络通信情况下，Modbus TCP 常用功能码深度解析的对应关系模型。根据该模型，对工控网络数据包中的功能码、线圈或寄存器的起始地址、字节数进行深度解析，以获取各层协议报文的关键字段信息。

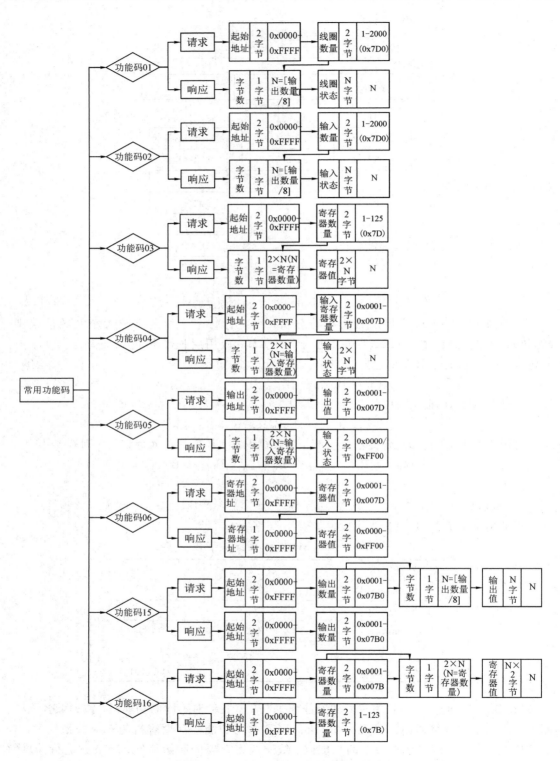

图 4 - 21　Modbus TCP 常用功能码格式

之后，依据 Modbus 典型的异常行为，可定义具有本文特点的规则形式为

<源 IP><源端口><目的 IP><目的端口><Flags>(可选字段)

其中，源 IP、源端口、目的 IP、目的端口为基本的协议字段，攻击者可利用这些基本协议字段所具有的缺陷而进行攻击。对于 TCP 包，攻击者会利用 TCP 协议缺陷而进行攻击，如使用 SYN、FIN、ACK 标志位进行攻击，或发送 SYN＋RST 或 SYN＋URG 报文，因此，可使用标志位作为检测的特征。

可选字段为 Modbus 应用层字段，可依据异常行为的不同提取出异常字段。而 Modbus 典型的异常行为大都为请求与响应间的关系，本书也定义了相应的字段描述两者之间的关系。

根据提取的字段中是否包含描述请求数据包与响应包间关系的字段，可将规则分为单规则和双规则，单规则仅描述单个数据包，而双规则描述请求与响应数据包。在初始规则形式确定之后，利用遗传算法的自适应性对其进行遗传算法操作，从而实现规则的自动创建。

2. 算法设计

遗传算法具有较强的全局搜索能力，具有自组织、自适应和自学习性，可用于入侵检测规则学习中，很多学者也对此展开了相关研究。本书主要是对 Modbus 工业控制协议进行入侵检测规则学习研究，从 Morris 提出的 50 条异常规则中提取常见的异常特征作为本研究中的特征库，并将这 50 条规则作为原始训练样本。下面将介绍 4 个适应度函数来指导规则变异，以得到最优值。遗传算法的伪代码如图 4 - 22 所示。

```
Procedure    GA
Begin
   Initialize P(0);  初始化种群
   t=0;
   while(t<T) do
     for  i=1 to N
        Evaluate fitness of P(t);  计算个体的适应度值
        Select operation to P(t);  进行选择、交叉、变异操作
        Crossover operation to P(t);
        Mutation operation to P(t);
     end
     for i=1 to N
        P(t+1)=P(t);  得到新的种群
     end
     t=t+1;
   end while
end
```

图 4 - 22　遗传算法伪代码

1）初始种群

种群大小对遗传算法最终的性能和遗传算法的效率都有影响。规模越小，群体所提供的信息量就少，算法可能会更早地收敛于次优解；规模越大，可提供足够的代表不同模式较全面的信息，可以解决过早收敛而陷入局部最优的问题。

种群中的每个个体用一个可变长度向量 $v_i = (x_0, x_1, \cdots, x_n)$ 来表示，x 表示个体的特征类型，则种群集合向量表示为 $\boldsymbol{P}_T = \{v_0, v_1, \cdots, v_T\}$。本实验的种群大小 T 为 200。在产生初始种群过程中，每个初始个体规则中包含的特征不是均匀随机选择的，而是依据特征字典中每个特征的出现次数来选取的。每生成一个初始个体，都会产生一个随机数 $r(0 < r < N)$，其中 N 为原始规则数，特征字典中存有每个字段 f 的频数 f_c，若字段 $f_c >$ 随机数 r，则选取该字段，即从特征字典中选取频数大于随机数 r 的特征字段形成初始个体，如图 4-23 所示，为初始种群形成示意图。其特征值 value 是在字节合法范围内随机生成的，表 4-3 和图 4-21 已给出了正常网络通信下的 Modbus TCP 应用层字段范围值。

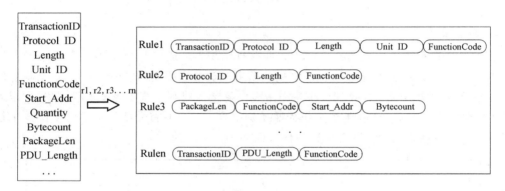

图 4-23　初始种群形成示意图

初始种群创建完毕后，根据适应度函数计算个体的适应度，且初始种群个体要发生一系列变异和替代选择。假设定义此过程满足的迭代次数为 1000。当达到迭代次数后，训练过程终止，且最适个体通过锦标赛选择算法被保留，作为最终最优规则集。

2）选择

选择是为了从群体中选择优胜的个体，淘汰劣质个体。目的是把优化的个体直接遗传到下一代或通过配对交叉产生新的个体再遗传到下一代。选择操作是建立在对个体适应度评估的基础上，目的是提高全局收敛性和计算效率。

常用的选择算法有轮盘赌选择算法、随机变量抽样法、局部选择法以及锦标赛选择法。为保留适应度较高的个体且不使优良特征丢失，本书采用锦标赛选择算法，其基本思想是每次选取几个个体之中适应度最高的一个个体遗传到下一代群体中，其对个体适应度取正值、负值无要求，可知方法随机性更强，存在更大的随机误差，但是由较大概率保证最优个体被选择，最差个体被淘汰。具体操作过程是：

（1）从群体中随机地选取 N 个个体进行适应度大小的比较，将其中适应度最高的个体遗传到下一代群体中；

（2）将上述过程重复 M 次，就可得到下一代群体中的 M 个个体（M 为种群大小）。

而通过实验测试，锦标赛选择中的窗口大小设置为 25，会产生较好的结果。这样适应度大的个体将被保留到下一代种群中。

3）交叉

交叉也称基因重组，是把两个个体的部分结构替换重组而生成新个体的操作，目的是为了能够在下一代产生新的个体。基因重组和交叉是遗传算法获取新优良个体的最重要的手段。在遗传算法中，交叉策略有两方面重要作用：一方面使原来的群体中的优良个体的特性能够在一定程度上保持；另一方面，使算法能探索新的空间，从而使新群体中的个体具有多样性。

交叉概率 P_c 控制着交叉操作被使用的频率，交叉概率 P_c 太小时难以向前搜索，甚至会陷入停滞状态，而太大则容易破坏该适应值的结构，降低搜索性能，一般取值为 0.25～0.75，本文交叉概率取值为 0.5。文中选择的两个候选父母通过交叉产生两个子代，而每创建一个子代，都会从原始的两个候选父母中选择一个个体为主父母，则该子代个体具有和主父母相同的规则形式。其中，子代的每个字段特征都会生成一个 0.0～1.0 之间的随机数。若该值大于 0.5，则取值为主父母的值；否则，从次父母中检索该特征字段，若次父母中包含该特征字段，则获取该特征值；否则该字段默认值为主父母的特征值。最后，产生的子代具有与主父母相同的特征，不同的特征值。如图 4-24 所示，产生的子代规则与主规则格式相同，其中 Protocol ID 和 Unit ID 产生的随机数小于 P_c，应取次规则相应字段的值，但次规则中不存在 Unit ID 特征字段，因此，取主规则对应特征字段的 value 值。

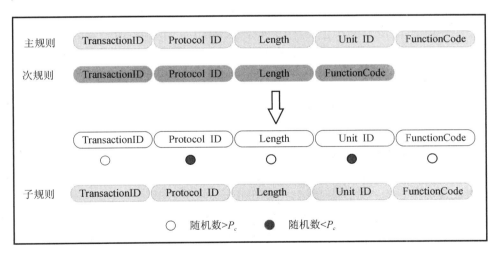

图 4-24　交叉过程示意图

4）变异

变异本身是一种局部随机搜索，与选择、交叉算子结合在一起，保证了遗传算法的有效性，使遗传算法具有局部的搜索能力，同时使得遗传算法保持种群的多样性，以防止出现非成熟收敛。变异操作是对个体的某一个或某一些基因值按某一较小的概率进行改变，从而产生新个体。

变异概率 P_m 也是算法的一个重要参数，它直接影响到算法的收敛性和最终解的性能。在变异操作中，若 P_m 太小难以产生新的基因结构，太大则使遗传算法成了单纯的随机搜索，本文中 P_m 设置为 0.2，若个体的每个特征产生的判定值小于 0.2，则该特征值会在其字段的字节大小范围内发生变异。

如图 4-25 所示，个体规则中特征 ProtocolID 和 FunctionCode 产生的判定值小于 P_m，因此，对应的特征值 value 发生变异，而原有的规则形式不变。

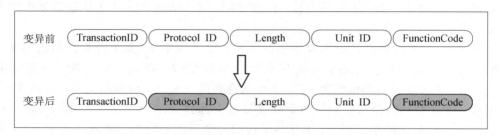

图 4-25　变异过程示意图

此过程中，特征 x 的 value 值即为 $g(x) = [a, b]$，其中，

$$b = \text{random}(x_{\min}, x_{\max}) \tag{4-1}$$

$$a = \text{random}(x_{\min}, b) \tag{4-2}$$

$\text{random}(m, n)$ 函数表示生成一个 m 到 n 间的随机数，$x_{\min}$ 和 $x_{\max}$ 分别表示特征 x 的最小值和最大值。

此外，规则中还包含根据攻击变种的特点而提取出的特征字段，若其产生的判定值也小于 P_m，则在此过程中会产生一个随机数 d，取值范围为 $0 \leqslant d \leqslant 1$，特征 x 的取值如式 (4-3) 所示，其中，$\text{meta}(x)$ 函数表示特征 x 取得其相对应的攻击变种特点的 value 值。

$$h(x) = \begin{cases} \text{meta}(x) & (d = 0) \\ g(x) & (d = 1) \end{cases} \tag{4-3}$$

执行完变异操作后，对产生的两个后代进行适应度评估，以替代种群中的劣质个体。可以使用锦标赛选择算法进行筛选，若新子代具有较好的适应值，则会淘汰并替代原有的两个候选个体。

3. 适应度函数

适应度函数是遗传算法的关键部分，直接影响到遗传算法的收敛速度以及能否找到最优解。定义四个指标来计算评判个体的适应值，分别为规则完全匹配、规则不完全匹配、语法检查以及攻击变种特点，且每个指标函数都会返回一个数值。这四个指标和即为个体的最终适应值。

1）完全匹配

完全匹配即规则能够识别异常数据包。实验中用候选规则来匹配测试数据包，若完全匹配，则返回数值 10.0，否则，返回值为 0.0。如式 (4-4) 所示，其中，x_i 为候选规则的第 i 个特征，N 为候选规则的特征项数。

$$F_1(x) = \begin{cases} 10, & \text{match}\left(\sum\limits_{i=1}^{N} x_i\right) \\ 0, & !\text{match}\left(\sum\limits_{i=1}^{N} x_i\right) \end{cases} \qquad (4-4)$$

2) 不完全匹配

若规则不能完全匹配评估数据包，则尽可能统计匹配的规则数。每个字段都保存为一个布尔值，匹配则标记为 1，否则记为 0。当完全评估完候选规则的所有字段特征后，最终值应为每个字段的布尔值之和，如式(4-5)。

$$F_2(x) = \sum_{i=1}^{N} \text{match}(x_i) \qquad (4-5)$$

而为了保证每个候选规则的公平性，对式(4-5)加以改进，如式(4-6)。

$$F_2(x) = \frac{\left(\sum\limits_{i=1}^{N} \text{match}(x_i)\right)}{N} \times 10 \qquad (4-6)$$

3) 语法检查

检查候选规则是否存在格式或语法问题。如式(4-7)，函数 $\text{error}(x)$ 表示统计候选规则存在的问题个数。

$$F_3(x) = 10 - \text{error}(x) \qquad (4-7)$$

4) 攻击变种特点

攻击变种特点即候选规则能够描述变种攻击。若符合变种特点，则依次加分，如式(4-8)。

$$F_4(x) = \sum_{i=1}^{N} \text{feature}(x_i) \qquad (4-8)$$

其中，函数 $\text{feature}(x)$ 表示候选规则 x 满足攻击变种特点。

(1) 正常通信情况下，网络中大量报文的大小相差不大。若候选规则中，对于 SYN 包，其 PackageLen≫64，则对其进行加分；若为 Modbus 数据包，其 PackageLen>314，则进行加分。

(2) 当候选规则满足虚假响应的特点，即请求数据包的源 IP≠响应数据包的目的 IP 或请求数据包目的 IP≠响应数据包源 IP，则为其加分。

(3) 混乱标志位如：① SYN=1，RST=1；② SYN=1，URG=1；③ FIN=1，PSH=1，URG=1 等(SYN+ACK 除外)。候选规则中的标志位只要满足标志位混乱组合中的一种，即可加分。

(4) 非法 TCP 标志位如表 4-4 所示。当候选规则中的 TCP 标志位值符合表 4-4 中的任意一条时，即可对其进行加分。

(5) 若候选规则满足地址欺骗特点中的任意一种：① 请求数据包源 IP=目的 IP；② 请求数据包目的 IP 为广播地址，则对其进行加分。

因此，最终候选规则的适应度值即为四个适应函数之和，如式(4-9)。

$$F = F_1 + F_2 + F_3 + F_4 \qquad (4-9)$$

表 4 - 4 非法 TCP 标志位

URG	ACK	PSH	RST	SYN	FIN
0	0	0	0	1	1
0	0	0	0	0	1
0	0	0	0	0	0
1	1	1	1	1	1
0	0	0	1	0	0

因此，通过提取 Modbus 协议漏洞中常见的异常特征，并根据前文描述的工控网络中的变种攻击特点，将攻击变种的行为特征应用到遗传算法操作中，产生一组针对 Modbus 协议变种攻击的最优规则集，以便检测到可能衍变的攻击。

4.4 工业入侵检测系统的研究进展

准确性和实时性是入侵检测系统追求的两个目标，但是这两个目标又是相互矛盾的。

4.4.1 工业入侵检测系统的准确性保证

提高攻击检出率，降低误报率和漏报率，是工业控制系统攻击检测准确性与完备性需求的重要保证。目前处理该问题的方法分为两类：一类方法是建立高质量的检测规则；另一类方法是选择高效的检测算法，如采用神经元网络技术和数据挖掘技术等人工智能技术，以更大的内存消耗或者更多的检测时间来换取检测精度。

1. 建立高质量的检测规则

提高检测精度的一类方法是建立高质量的检测规则。由于监控网络对实时性要求高，加之受限于资源等因素，需要采用轻量级的入侵检测系统。如 Oman 等人设计并实现了基于 SCADA 的电网入侵检测与事件监测环境，使用 XML 图记录系统中的所有设备信息，如 IP 地址、Telnet 端口号、设备命令码等，使用 Perl 程序解析 XML 文件并由此产生 Snort IDS 特征，用以监测 RTU 的运行情况。该方法的优点在于自动收集并比较现场设备的配置，对关键信息的修改将产生报警信号，可以有效避免依靠人工识别情况所产生的漏报。基于 Snort 的网络监控可以有效阻止已知攻击，但无法对未知攻击进行检测。Linda 在上述研究结果的基础上，于 2011 年提出了一种基于模糊集的低功耗在线规则提取模型，通过一种快速学习和分类算法可自动在线生成模糊集分类规则，在 11 个数据集上的测试结果显示，该分类器的精度可达到 99.36%。

2. 选择高效的检测算法

选择高效的检测算法是提高检测精度的又一种方法。Linda 等人采用神经元网络模型构建了入侵检测系统并应用于电网中。由于包流可以看成一个时间序列，现有的神经元网络模型是不适合处理时间序列的，作者提出了一个基于特征提取方法的滑动窗模型。采集监控网络流量，通过滑动窗选取 IP 地址数、包平均间隔、协议数量等参数作为模型的特征向量。实验结果表明该模型在没有误报率的情况下具有非常高的检测精度，不仅能检测长的入侵攻击，还能检测出多个包组合成的攻击。虽然这种方法可以一定程度检测未知攻击，但是必须首先进行模型离线学习，而嵌入式设备的学习能力十分有限，不利于模型及时更新。Dussel 等人提出一种基于传输层负载相似性比较的入侵检测模型，可以有效地检测未知攻击，攻击数据集中包含了 19 种攻击和 8 种漏洞，但是模型的检出率为 88%～92%，无法完全满足工业需求。

总之，不论是在学术领域还是在工业界，高效的工控系统入侵检测算法是一个关键课题。虽然学术界已经有相当的研究进展和积累，但是随着攻击方法的不断升级，工业领域还在不断地提出新的和更高的要求，带来新的课题和挑战。对这方面的深入研究具有理论意义和很强的实用价值。

4.4.2　工业入侵检测系统的实时性保证

及时准确报警是工业系统安全实时性需求的重要保证，但由于采用了基于语义的分析方法，增加入侵检测系统的滞后时间。解决此问题的有效方法包括两类，一类方法是提升硬件设备计算能力；另一类方法是进行预估报警，提取预测系统的行为趋势，根据预测值进行预警。

Premaratne 等人设计了一种基于规则的电网入侵检测系统，与其他研究者的方案不同在于，他设计的入侵检测技术部署在一台独立主机上，提升了入侵检测技术的计算能力，而大部分研究者的入侵检测技术是部署在现有设备上。同时为了能够快速响应，作者讨论了部署入侵检测技术的位置。在试验中，作者的入侵检测系统对于攻击做出了快速报警响应。

Lin 提出了一种新的基于语义的检测方法。作者依靠下面两个特点来保证其实时性：① 电网中许多设备的关键执行命令是手动执行的，因此控制命令的间隔是分钟级的；② 关键命令的类型和数量有限，因此入侵检测技术语义分析计算量小。

基于语义的检测分析准确性好，但计算量大、耗时长，且随着语义描述信息的增加，计算量还在不断增长。另一方面，为了满足工业控制系统的报警实时性需求，人们在进行及时报警时总是要牺牲一定程度的语义计算。可以说，入侵检测在追求这两个目标、同时在不断平衡的过程中发展深入。

总之，目前检测技术还有局限性，仍存在一些过程攻击无法被有效检测，且未来的变种会更具欺骗性。

习　题

一、填空题

1. 在现有的安全体系中，入侵检测系统以（　　　　　）方式，对待检测系统进行实时监控，检测并响应入侵事件，以实现对系统信息流的安全防护。

2. 由于篡改行为数据或控制程序的攻击只改变了数据字段值或控制算法，只通过基于工业控制（　　　　　）模型检测入侵很容易产生漏报。

3．对于变种小的攻击，可采用（　　　　　）入侵检测技术，利用攻击族的共性特征进行检测。对于变种大的攻击，采用（　　　　　）入侵检测技术，进一步提高正常行为的建模准确度。

4．（　　　　　）是建立控制器模型的一种形式，即直接模拟控制器的工作原理。

5．基于（　　　　　）模型的检测方法，主要是通过从工控网络流量或系统中，提取出控制系统的输入输出行为数据，利用行为数据之间的依赖关系，通过系统模型的构建方法，构建正常的行为模型来检测工业控制网络中的异常入侵行为。

6．（　　　　　）和（　　　　　）是入侵检测系统追求的两个目标，但是这两个目标又是相互矛盾的。

二、思考题

1．什么叫入侵检测？传统入侵检测分为哪几类？

2．工业控制系统的入侵研究集中在哪些方面，每方面的特点是什么？

3．简要介绍基于仿真的控制器入侵检测技术的原理。

4．简要介绍基于行为的工业控制入侵检测技术模型。

第五章　工业控制系统漏洞扫描与挖掘技术

5.1　系统漏洞概述

漏洞(vulnerability)指系统中存在的一些功能性或安全性的逻辑缺陷，是系统在硬件、软件、协议的具体实现或系统安全策略上存在的缺陷和不足。

系统安全漏洞，也可以称为系统脆弱性，是指计算机系统在硬件、软件、协议的设计、具体实现以及系统安全策略上存在的缺陷和不足。系统脆弱性是相对系统安全而言的，从广义的角度来看，一切可能导致系统安全性受影响或破坏的因素都可以视为系统安全漏洞。

常见漏洞类型如表 5-1 所示，主要有 SQL 注入漏洞、跨站脚本漏洞、弱口令漏洞、HTTP 报头追踪漏洞、Struts2 远程命令执行漏洞、框架钓鱼漏洞(框架注入漏洞)、文件上传漏洞、应用程序测试脚本泄露、私有 IP 地址泄露漏洞、未加密登录请求及敏感信息泄露漏洞等。

表 5-1　常见漏洞类型汇总列表

序号	类　别	描　述
1	SQL 注入漏洞	SQL 注入攻击(SQL Injection)简称注入攻击、SQL 注入，被广泛用于非法获取网站控制权，是发生在应用程序的数据库层上的安全漏洞
2	跨站脚本漏洞	跨站脚本攻击(Cross-sitescripting)简称 XSS，发生在客户端，可被用于进行窃取隐私、钓鱼欺骗、窃取密码、传播恶意代码等攻击
3	弱口令漏洞	弱口令(weak password)没有严格和准确的定义，通常认为容易被别人(他们有可能对你很了解)猜测到或被破解工具破解的口令均为弱口令
4	HTTP 报头追踪漏洞	HTTP/1.1(RFC2616)规范定义了 HTTP TRACE 方法，主要是用于客户端通过向 Web 服务器提交 TRACE 请求来进行测试或获得诊断信息
5	Struts2 远程命令执行漏洞	Apache Struts 是一款建立 Java web 应用程序的开放源代码架构。Apache Struts 存在一个输入过滤错误，如果遇到转换错误可被利用注入和执行任意 Java 代码
6	框架钓鱼漏洞(框架注入漏洞)	框架注入攻击是针对 Internet Explorer 5、Internet Explorer 6 和 Internet Explorer 7 攻击的一种。这种攻击导致 Internet Explorer 不检查结果框架的目的网站，因而允许任意代码像 Javascript 或者 VBScript 跨框架存取

序号	类别	描　　述
7	文件上传漏洞	文件上传漏洞通常由于网页代码中的文件上传路径变量过滤不严造成的，如果文件上传功能实现代码没有严格限制用户上传的文件后缀以及文件类型，攻击者可通过 Web 访问的目录上传任意文件，包括网站后门文件，进而远程控制网站服务器
8	应用程序测试脚本泄露	由于测试脚本对提交的参数数据缺少充分过滤，远程攻击者可以利用漏洞以 WEB 进程权限在系统上查看任意文件内容。防御此类漏洞通常需严格过滤提交的数据，有效检测攻击
9	私有 IP 地址泄露漏洞	IP 地址是网络用户的重要标识，是攻击者进行攻击前需要了解的。获取的方法较多，攻击者也会因不同的网络情况采取不同的方法，如：在局域网内使用 Ping 指令，Ping 对方在网络中的名称而获得 IP；在 Internet 上使用 IP 版的 QQ 直接显示
10	未加密登录请求	由于 Web 配置不安全，登录请求把诸如用户名和密码等敏感字段未加密进行传输，攻击者可以窃听网络以劫获这些敏感信息
11	敏感信息泄露漏洞	SQL 注入、XSS、目录遍历、弱口令等均可导致敏感信息泄露，攻击者可以通过漏洞获得敏感信息

5.2　漏洞扫描技术

漏洞扫描主要通过以下两种方法来检查目标主机是否存在漏洞：在端口扫描后得知目标主机开启的端口以及端口上的网络服务，将这些相关信息与网络漏洞扫描系统提供的漏洞库进行匹配，查看是否有满足匹配条件的漏洞存在；通过模拟黑客的攻击手法，对目标主机系统进行攻击性的安全漏洞扫描，如测试弱口令等。若模拟攻击成功，则表明目标主机系统存在安全漏洞。

5.2.1　漏洞扫描技术分类

根据漏洞扫描采用的技术可以分为基于主机的漏洞扫描和基于网络的漏洞扫描。

1. 基于主机的漏洞扫描

基于主机的漏洞扫描采用被动的、非破坏性的方法对系统进行检测。通常，这种扫描方式涉及系统的内核、文件的属性、操作系统的补丁等问题。同时，这种扫描方式还涉及口令解密，把一些简单的口令剔除。因此，这种扫描方式可以非常准确地定位系统的问题，及时地发现系统的漏洞。

1) 基于主机的漏洞扫描器的体系结构

基于主机的漏洞扫描器一般基于客户端/服务器模式，本书以 Symantec 的 Enterprise Security Manager(ESM)为例进行分析(如图 5-1 所示)。漏洞扫描由 ESM 管理器、ESM

代理和 ESM 的控制台三部分组成。

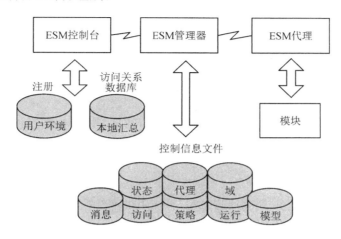

图 5-1　基于主机的漏洞扫描体系结构图

2）基于主机的漏洞扫描器的扫描流程

ESM 管理器直接部署在网络中，负责管理整个漏洞扫描流程；ESM 控制台安装在指定的计算机中，负责向展示漏洞扫描报告；ESM 代理则安装在目标系统中，负责执行漏洞扫描任务。其具体流程如下：

（1）ESM 管理器向 ESM 代理发送扫描任务；

（2）ESM 代理分别执行各自的扫描任务；

（3）ESM 代理将漏洞扫描结果发送给 ESM 管理器；

（4）ESM 控制台展示漏洞扫描报告。

3）基于主机的漏洞扫描器的优点

（1）实现了扫描范围的扩展性。扫描任务基本都代理独立完成，因此，如果要扩展扫描范围，只需增加代理，再进行相应的设置。

（2）实现了扫描管理的集中化。利用一个集中的服务器统一对扫描任务进行控制，当服务器的代理程序升级时，会自动发送给各个代理，从而实现集中化的扫描管理。

（3）实现了网络负载最优化。扫描任务基本都是代理独立完成，只有在发送扫描任务和接收扫描结果时才涉及管理器和代理之间通信，很大程度上减少了网络中的流量，实现了网络负载的最优化。

（4）实现了数据的安全可靠传输。为了保证数据的安全可靠传输，在网络中设置了防火墙，由于只有在发送扫描任务和接收扫描结果时才涉及管理器和代理之间通信，因此，只需开放指定的端口。

4）基于主机的漏洞扫描器的缺点

（1）价格因素不确定。目标系统中的每个目标主机都需要安装代理，因此，当目标系统中的目标主机数量较多时，代理的数量也会随之增多，从而导致扫描器价格的增加。

（2）增加了额外的风险。一般来说，管理员需要考虑兼容性和安全等因素，因此，不希望在主机上安装一些自己不需要或者不确定的软件，但扫描器需要在每个目标主机上安装代理，增加了额外的风险。

（3）设计和实现的周期较长。由于扫描器需要在目标系统中的每一个目标主机上安装代理，因此，扫描器的设计和实现过程中需要和管理员甚至用户不断的沟通，如果扫描的范围较大，则需要很长的周期才能完成。

2. 基于网络的漏洞扫描

基于网络的漏洞扫描采用主动的、非破坏性的办法对系统进行检测。这种扫描方式利用特定的脚本对系统进行模拟攻击，并分析攻击的结果，从而判断系统是否存在崩溃的可能性。同时，这种扫描方式还针对已知的网络漏洞进行检验。因此，这种扫描方式通常用于进行穿透实验和安全审计。

1）基于网络的漏洞扫描器的体系结构

基于网络的漏洞扫描器一般由漏洞数据库、用户配置控制台、扫描引擎、当前活动的扫描知识库、扫描结果存储和报告生成工具组成，如图 5-2 所示。

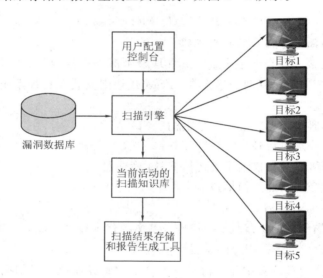

图 5-2　基于网络的漏洞扫描体系结构图

2）基于网络的漏洞扫描器的扫描流程

扫描引擎是漏洞扫描器的关键模块，负责控制和管理整个扫描过程。其具体流程如下：

（1）用户配置控制台向扫描引擎发送扫描请求；

（2）扫描引擎启动相应的子功能模块来扫描目标主机；

（3）扫描引擎接收目标主机的回复信息并将其与存储在当前活动的扫描知识库中的扫描结果做比对；

（4）报告生成工具自动生成扫描报告；

（5）用户配置控制台展示扫描结果。

3）基于网络的漏洞扫描器的优点

（1）价格合理。影响基于网络的漏洞扫描器价格的因素相对来说较为稳定，价格也比较合理。

（2）操作简便。整个操作的过程中，不需要与目标系统的管理员沟通，简便而高效。

（3）安全可靠。完成扫描任务的过程中，不需要将不确定的代理或服务安装在目标系统中，从而实现系统的安全可靠运行。

（4）维护简便。如果网络情况发生任何变化，通过扫描网络中的特定节点，即可实现整个目标系统的扫描。

4）基于网络的漏洞扫描器的缺点

（1）扫描范围受限制。由于权限的问题，扫描器无法直接访问目标系统的文件，因此，无法扫描到相关的漏洞。例如，Windows 系列的操作系统中如果需要连接数据库，则必须提供密码，而扫描器无法对其进行关于弱口令的检测；Unix 的操作系统中，由于权限的限制，扫描器无法扫描到 SetGID 和 SetUID 等功能。

（2）防火墙限制问题。扫描器无法直接穿过防火墙。

（3）加密机制的缺陷。一般来说，扫描服务器与用户配置控制台之间的数据传输是经过加密的，而扫描服务器与目标主机之间的数据传输却没有进行加密，基于这个缺陷，攻击者利用捕获网络流量的工具即可以实现对网络的监听和截获，从而获得目标系统的详细信息。

5.2.2　常见的漏洞扫描技术

常见的漏洞扫描技术主要有 ping 扫描、端口扫描、操作系统扫描、脆弱点扫描、防火墙规则扫描等。

1. Ping 扫描

Ping 扫描主要用于探测主机的 IP 地址，通过探测目标主机的 TCP/IP 网络是否联通来判断探测的 IP 地址是否分配了主机。一般来说，网络的信息对黑客来说都是非预知的，因此，通过 Ping 扫描获取网络的基本信息是黑客进行漏洞扫描和入侵的基础。而对于熟悉网络的 IP 分布的管理员来说，通过 Ping 扫描，也能准确地定位 IP 的分布。Ping 扫描通常基于 ICMP 协议，其主要思想是构造一个基于 ICMP 的数据包，发送给目标主机，并根据回复的响应数据包来进行判断。根据构造的 ICMP 数据包的不同，Ping 扫描分为 ECHO 扫描和 non‑ECHO 扫描两种方式。

1）ECHO 扫描

ECHO 扫描通过向目标 IP 地址发送一个 ICMP 类型为 8 的 ICMP ECHO 请求包，并等待是否收到 ICMP 类型为 0 的 ICMP ECHO 响应包。如果收到则说明目标 IP 地址上存在主机，否则就说明目标 IP 地址上不存在主机。

如果目标网络的防火墙配置为阻止 ICMP ECHO 流量，则 ECHO 扫描不能探测出目标 IP 上是否存在主机。

ECHO 扫描通过将 ICMP ECHO 请求包广播发送的方式扫描操目标主机的系统扫描，如果收到响应数据包则说明操作系统是 Unix，如果没有收到响应数据包则说明操作系统是 Windows。

2）non‑ECHO 扫描

non‑ECHO 通过向目标 IP 地址发送一个 ICMP 类型为 17 的 ICMP TIME STAMP 请

求包，或 ICMP 类型为 17 的 ICMP ADDRESS MASK 请求包，等待是否收到响应包，如果收到则说明目标主机存在，否则说明目标主机不存在。

如果目标网络的防火墙配置为阻止 ICMP ECHO 流量，则 non-ECHO 能够探测出目标 IP 地址上是否存在主机。

2. 端口扫描

端口扫描主要用于对目标主机开放的端口进行探测。一般来说，端口扫描只对目标端口进行简单的连通性探测，因此，端口比较适用于扫描范围较大的网络。端口扫描支持直接对指定 IP 地址扫描端口段和指定端口扫描 IP 段的模式。根据使用协议的不同，端口扫描主要分为 TCP 扫描和 UDP 扫描两种方式。

1）TCP 扫描

（1）TCP 全连接和半连接扫描：TCP 全连接扫描是指扫描者通过完整的三次握手来实现与目的主机之间连接的建立，连接的过程将记录在目的主机的日志文件中。而 TCP 半连接扫描是指在收到回复的 SYN/ACK 包时，直接向目的端口发送 RST 包来终止三次握手，由于 TCP 半连接扫描没有实现完整的三次握手，因此，连接的过程不会在目的主机的日志文件中记录。

（2）TCP 隐蔽扫描：根据 TCP 协议，如果目的端口正在监听，则会直接将探测包忽略；如果目的端口处于关闭状态，则会在收到请求包时回复 RST 包。按照探测包中标志位的设置方式，TCP 隐蔽扫描又分为 NULL 扫描、XMAS 扫描、FIN 扫描和 SYN/ACK 扫描四种。NULL 扫描和 XMAS 扫描的最大区别在于标志位的设置。NULL 扫描则将 TCP 的全部标志位都关闭，而 XMAS 扫描中设置了 URG、ACK、RST、PSH、SYN、FIN 等全部的 TCP 标志位。FIN 扫描和 SYN/ACK 扫描比较相似，都是向目的主机直接发送 FIN 包和 SYN/ACK 包，由于 TCP 是面向连接的，因此，目的主机会默认 SYN 包没有发送成功，从而定义本次连接失败，并回复 RST 包来实现连接的重置。因此，只有收到回复 RST 包，则说明目标端口正处于关闭的状态。

2）UDP 端口扫描

UDP 端口扫描通常构造一个 NULL 的 UDP 包并向发送到目的端口，当目的端口正在关闭时，则目的主机会直接回复端口不可达的消息，当目的端口正在等待服务时，则目的主机会直接回复错误的消息。UDP 端口扫描过程中需要统计丢包率，导致 UDP 端口扫描时间的延迟。

3. 操作系统扫描

操作系统探测的主要目的是实现对目标主机的操作系统以及提供服务的程序的具体信息进行探测。例如，操作系统扫描的结果是：服务器平台是 IIS 4.0；操作系统是 Windows XP sp3。

1）二进制信息探测

通过登录目标主机，并从主机回复的信息中得知操作系统的类型、软件的版本等，这是最简单的操作系统探测技术。

2）HTTP 响应分析

通过与目标主机建立 HTTP 连接，通过服务器回复的响应进行分析操作系统的类型。

3）栈指纹分析

网络中主机之间的通信主要基于 TCP/IP 协议。不同的操作系统和软件开发商造成了操作系统的架构和软件版本的差异，从而导致了协议栈实现的多样性。典型的栈指纹分析技术分为主动栈指纹探测和被动栈指纹探测。

（1）主动栈指纹探测：主动栈指纹探测通过向目标主机直接发送请求，并根据回复的响应来判断操作系统具体信息。

（2）被动栈指纹探测：被动栈指纹探测通过监听网络中的流量并对其进行分析来判断操作系统的类型。

4. 脆弱点扫描

脆弱点扫描主要针对目标主机的指定端口，其中，大多数的脆弱点扫描都是基于指定操作系统中的指定网络服务来实现的。脆弱点扫描使用的技术主要分为基于插件和基于脆弱点数据库扫描两大类。

1）基于插件的扫描

基于插件的扫描通过调用插件来实现脆弱点扫描，其中，插件是一个子程序模块，由专用的脚本语言编写而成，从而简化了编程工作。插件的升级和维护都非常简单，便于脆弱点特征信息的更新，以保证扫描结果的准确性。基于插件的扫描具有较好的扩展性，当需要添加新功能或新类型时，只需对插件进行相应的调整。

2）基于脆弱点数据库的扫描

基于脆弱点数据库的扫描关键是脆弱点数据库，脆弱点数据库是否完整且有效直接决定了脆弱点扫描的准确性。其扫描流程如下：

（1）构造扫描的环境，收集并整理系统的脆弱点、相关的攻击案例以及网络中的安全配置；

（2）生成一个标准且全面的脆弱点数据库和匹配规则；

（3）利用脆弱点数据库和匹配规则进行扫描。

5. 防火墙规则扫描

采用类似于 traceroute 的 IP 数据包的分析方法，探测是否能通过防火墙向目标主机发送特定的数据包，为更深层次的探测提供基本信息，同时便于进行基于漏洞扫描的入侵。通过这种扫描方式，能够探测到防火墙允许通过的端口，并探测到防火墙的基本规则，例如，是否能允许携带了控制信息的数据包通过等，甚至能够通过防火墙探测到网络的具体信息。

5.2.3　漏洞扫描方法

漏洞扫描的方法主要分为主动扫描和模拟攻击两大类。主动扫描是指先通过发送报文给目标主机或网络建立连接，再通过文件传输协议请求网络服务，并根据收到的回复信息提取目标系统漏洞相关的具体信息。模拟攻击是指通过某种虚拟攻击方式对目标主机或网络进行扫描，扫描目标系统漏洞相关的具体信息。

1. 主动扫描

主动扫描的过程中，漏洞扫描系统针对目标主机或网络的端口分配、软硬件配置、匿名登录和提供的服务等信息进行扫描，并根据这些信息判断目标系统的漏洞信息，常见的主动扫描的方法有：TCP connect 扫描、TCP SYN 扫描、TCP FIN 扫描、TCP Reverse Ident 扫描、TCP Xmas Tree 扫描、TCP NULL 扫描、TCP ACK 扫描、TCP 窗口扫描、TCP RPC 扫描、UDP ICMP 端口不可达扫描、UDP recvfrom 和 write 扫描、分片扫描、FTP 跳转扫描、ICMP 扫描。

主动扫描主要用于对目标主机或网络的具体信息进行扫描，并推断目标系统可能存在的漏洞，通过整理和分析，最终生成漏洞扫描报告。基于主动扫描的结果，还可以通过借助一些虚拟的攻击方式，对目标主机或网络模拟进行攻击，从而判断目标系统中的漏洞信息。

2. 模拟攻击

基于主动扫描的结果，还可以通过借助一些虚拟的攻击方式，对目标主机或网络模拟进行攻击，从而判断目标系统中的漏洞信息。常见的攻击方法有：缓冲区溢出、口令攻击、IP 地址欺骗和分布式拒绝服务（Distributed Denial Of Service，DDOS）攻击等。

5.2.4　漏洞扫描工具

传统的漏洞扫描工具主要有端口扫描工具、通用漏洞扫描工具、Web 应用扫描工具和数据库漏洞扫描工具等。随着工业控制系统安全领域研究的不断发展，我国第一款工业控制系统漏洞扫描工具于 2014 年 9 月 15 日正式发布。

1. 端口扫描工具

端口扫描的典型工具是 Nmap。Nmap 的功能非常强大，常用于对大型的网络进行扫描并对其进行安全评估。Nmap 不仅能扫描目标系统开放的端口、提供的服务并以此推断操作系统信息，而且能对操作系统指纹和服务进行判定。Nmap 涉及的技术也非常多，例如，防火墙技术和入侵检测技术等。

2. 通用漏洞扫描工具

通用漏洞扫描的典型工具是 Nessus，主要用于对目标系统的配置信息和常见的漏洞进行扫描。一直以来，Nessus 都因其开放性被广泛地应用，无论是安装程序还是脚本语言都完全公开，尽管从 Nessus 3 开始，其授权的协议开始收费，但其扫描引擎并不需要收费。目前，最新的 Nessus 版本是 Nessus 3.2。

3. Web 应用扫描工具

Web 应用扫描的典型工具是 Appscan，通常用于网络安全的评估，总体来说，Web 应用扫描工具比较有针对性，只针对 Web 应用的信息的泄露和数据的交互等问题，而不关注目标系统的一些基础信息。

4. 数据库漏洞扫描工具

数据库漏洞扫描的典型工具是 App Detective，主要用于 Oracle、DB2、MSSQL、Sybase

等数据库的漏洞扫描。

5. 工业控制系统漏洞扫描工具

工业控制系统漏洞扫描的典型工具是 ICSScan，主要用于针对工业控制系统的漏洞扫描，支持典型的工业控制协议，截止到目前，系统实现的过程中涉及的漏洞扫描技术尚未公布。

5.3　工业控制系统安全漏洞

工业控制系统存在大量的安全漏洞与隐患，针对工业控制系统发起的各类攻击，往往就是利用各类工业控制系统软硬件中存在的安全漏洞来实现的。近十年来共发现了近千个工业控制系统漏洞，而且绝大部分是中高危漏洞。攻击者可以利用这些漏洞获得某些系统权限，对系统执行非法操作，从而导致安全事件的发生，造成财产损失。因此，应当大力加强针对工业控制系统漏洞技术的研究工作，及时发现系统中存在的安全漏洞并尽早修补。

5.3.1　工业控制系统安全漏洞现状

1. 工业控制系统安全漏洞数量

为了更好地管理以及控制工业控制系统漏洞，避免工业控制系统漏洞被利用带来的损失以及为各工业控制厂商提供权威的数据，各国都建立了开放、灵活的漏洞发布等管理机制，经营着各种公开漏洞库。比较权威的有 CVE、ICS - CERT、还有中国国家信息安全漏洞共享平台(CNVD)以及中国国家漏洞库(CNNVD)等。据国家信息安全漏洞共享平台数据统计，2000—2016 年 2 月工业控制系统行业漏洞共 840 个。各年工业控制系统行业漏洞如图 5 - 3 所示。

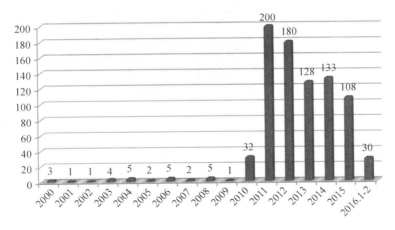

图 5 - 3　2000—2016 年 2 月工业控制系统行业漏洞数量统计图

2000—2009 年工控系统行业漏洞数量相对较少，共 29 个，各年漏洞数量为 1～5 个。2010 年工业控制系统行业漏洞数量明显提高，共 32 个。随后一年工业控制系统行业漏洞数量呈井喷式增长，2011 年工业控制系统行业漏洞数量为 200 个，是 2010 年工业控制系统行业漏洞数量的 6.5 倍。2011 年以后工业控制系统行业漏洞数量总体呈下滑趋势，漏洞数量由 2011 年的 200 个下降至 2015 年的 108 个。2016 年 1～2 月工业控制系统行业漏洞数量为 30 个。这种变化情况主要由以下 5 方面原因引起：

（1）工业控制系统往往价格昂贵，并且规模较大，一般的安全研究人员和组织难以接触，并且安全研究人员往往是 IT 系统出身，对于工业控制系统缺乏专业了解。

（2）工业控制系统的很多部分都是闭源的，并且其很多控制器件的发展与计算机有很大不同。在研究人员将工业控制系统中 IT 部分的漏洞挖掘完之后，就陷入了一个瓶颈。

（3）在"震网"事件之后，工业控制厂商加强了防御的研究。很多防御系统如工业防火墙、入侵检测系统等大量出现，一定程度上减缓了漏洞的出现。工业控制产品开始注重安全性，其基础架构的设计中加入了安全的考虑，使得工业控制产品的漏洞减少。

（4）由于工业控制系统漏洞的巨大破坏力，国家对其高度重视，有些挖掘出的漏洞可能被隐藏或秘密地修复。

（5）一些品牌工业控制系统的市场份额太低，研究价值不高，被研究人员放弃。

2. 工业控制系统安全漏洞危险等级

从危险等级分布来看（如图 5-4 所示），工业控制系统行业漏洞以中危居多，共 400 个，占工业控制系统行业漏洞总量的 48%；其次是高危漏洞，共 387 个，占工业控制系统行业漏洞总量的 46%；低危漏洞相对较少，共 53 个，占工业控制系统行业漏洞总量的 6%。

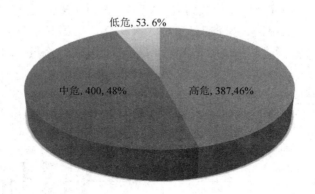

图 5-4　2000—2016 年 2 月工业控制系统行业漏洞危险等级分布图

5.3.2　国内外漏洞扫描技术研究现状

从世界的范围来说，国外对漏洞扫描技术的研究起步相对较早，技术也较为先进，并且已经取得了一些成果。国内在漏洞研究方面起步相对较晚，但由于近年来国家和企业对于安全的关注越来越多，我国对漏洞扫描技术的研究也日益深入，发展空间很大。随着国家、企业和个人对信息安全的逐渐重视，国内已经有很多组织、公司和一些安全专家逐步的开始研究漏洞扫描相关的理论知识和实践技术。

1. 国外关于漏洞扫描技术的研究

1）关于漏洞的研究

南加利福尼亚大学（University of Southern California）的保护分析项目（Protection Analysis Project）率先开始了对漏洞的研究，本次研究主要是针对计算机的操作系统。美国国家标准局（American National Standards Institute）于 1990 年启动了操作系统安全研究（Research in Secured Operating Systems）项目，并在伊利诺伊大学（University of Illinois）进行了项目的成果汇报。美国海军研究实验室（United States Naval Research Laboratory）于 1993 年收集并整理了当时主流的操作系统的漏洞信息，并根据漏洞的来源、发布时间以及代码分布等基本属性对这些漏洞信息进行了分类。普渡大学（Purdue University）的 COAST 实验室对 Unix 系统的漏洞进行了更加深入的研究，并建立了详细的 Unix 系统漏洞的分类模型，研究主要是基于漏洞形成的因素。美国科罗拉多州大学（University of Colorado）的 Knight 进一步完善了 Unix 系统漏洞的分类模型，并首次在模型中考虑了人和社会等因素的影响。

目前，著名的美国国家漏洞库（National Vulnerability Database，NVD）已经成为信息安全领域最具权威性的漏洞库之一。由美国国土安全部支持的通用漏洞列表（Common Vulnerabilities and Exposure，CVE）项目也已经成为世界信息安全领域的漏洞索引标准。

2）关于漏洞扫描工具的研究

Christopher Klaus 于 1992 年在佐治亚理工学院（Georgia Institute of Technology）开发了早期的漏洞扫描工具 Internet Scanner，开启了漏洞扫描工具发展的新纪元。SACAN 扫描引擎的出现再一次促进了漏洞扫描工具的发展。经过多年的研究和发展，目前已经有了很多典型的漏洞扫描工具，例如功能强大的 AppScan、Web Vulnerability Scanner 和 N. Stealth，以及免费使用的 Nessus、Nikto、WebCruiser 等。

Rapid 7 在 Metasploit 基础框架中加载了 Nmap 作为辅助的漏洞扫描模块，其优点是利用 Nmap 扫描出目标系统中开放的端口，在此基础上连接 Metasploit 中的数据库 postgreSQL，选出对应的漏洞对目标系统进行自动的渗透测试攻击；其缺点是若匹配规则不完善或数据库更新不及时，会影响对未知漏洞的预报。

3）关于针对工业控制系统的漏洞扫描技术的研究

安全漏洞的存在，使得非法用户可以利用这些漏洞获得某些系统权限，进而对系统执行非法操作，导致安全事件的发生。漏洞检测就是希望能够防患于未然，在漏洞被利用之前发现漏洞并修补漏洞。工业控制系统漏洞扫描则主要针对工业控制系统信息安全而言，即检验工业控制系统的安全漏洞。

美国的爱达荷国家实验室通过对"震网"病毒的研究和分析，并于 2008 年和德国西门子公司达成合作协议，获得了掌握西门子工业自动控制系统漏洞的机会，目前，爱达荷国家实验室工控系统的漏洞识别和漏洞消减领域的研究能力已经达到国际领先水平。美国桑迪亚国像实验室成立了专门的 SCADA 实验室和研究中心，致力于保护 SCADA 系统安全，其重点研究内容是分析常见的 SCADA 系统和组件中的漏洞，以支持"高保证性 SCADA 系统"研究。

Rakshit 等人实现了一种基于主机的集中式工业控制计算机系统漏洞检测系统。该系统的漏洞扫描器安装在被测主机上，负责收集主机的相关信息；漏洞分析器位于服务器或服务器集群上，负责对接收到的信息执行分析匹配，并报告被测主机存在的漏洞。文献将该系统部署在工业控制企业网络上，并有效利用第三方安全知识，即使更新知识库，也不会增加终端主机的代码量，从而大大降低引入编程错误的可能性。实验证明在相同实验背景下，该集中式检测系统与 OVAL 扫描器扫描到的漏洞个数相同，但所耗费的时间更少，因此具有更好的性能。

2. 国内关于漏洞扫描技术的研究

1）关于漏洞的研究

中国国家信息安全漏洞库于 2009 年 10 月开始正式运行，标志着我国关于漏洞的研究领域的一个新的突破，同时奠定了我国漏洞扫描技术的研究基础。

2）关于漏洞扫描工具的研究

传统的漏洞扫描工具主要有端口扫描工具、通用漏洞扫描工具、Web 应用扫描工具和数据库漏洞扫描工具等。我国著名的信息安全公司启明星辰的天镜脆弱性扫描与管理系统、绿盟科技的极光远程安全评估系统以及民间的 X. Scan 和流光软件等漏洞扫描工具的出现，也是我国关于漏洞扫描工具研究的新的进步。

3）关于针对工控系统的漏洞扫描技术的研究

2014 年 9 月 15 日，北京神州绿盟信息安全科技股份有限公司（以下简称"绿盟科技"）正式发布了国内第一款工业控制漏洞扫描系统（Industrial Control Systems Vulnerability Scanning System，ICS Scan），该系统支持典型的工控协议。

2015 年 6 月 5 日，启明星辰公司（以下简称"启明星辰"）与中国东方电气集团有限公司（以下简称"东方电气"）携手参与了四川省第二届国家网络安全宣传周活动暨四川省信息安全产业推进成果展，联合推出了工业控制系统安全检查工具：工业控制漏洞挖掘系统、工业控制漏洞扫描系统。

检测工业控制系统中是否存在已知的安全漏洞，往往采用安全扫描技术。进行漏洞扫描首先需要收集漏洞并建立工业控制系统漏洞数据库，数据库内存储两种信息：工业控制系统中主流控制设备的具体信息和当前已被漏洞平台公布的安全漏洞信息。进行漏洞探测时，需要完成网络探测和系统探测。网络探测负责捕获和解析广播包，解析得到工业控制交换机的站名称、地址以及系统的广播地址等基本信息。系统探测则负责获取工业控制系统中的工业控制设备以及其站类型、站名称、制造商标识、设备标识、MAC 地址等具体信息。最后，把探测到的相关信息与数据库存储的内容进行匹配，继而得知被检测的工业控制设备是否存在已知漏洞。

王欢欢等人根据工业控制系统特性，设计了基于层次探测方法的工业控制系统漏洞扫描系统。首先根据 DCP 协议帧的结构特点对捕获的 Profinet 数据包进行分析，获取所探测工业控制网络的基本信息。然后构造 DCP 数据包，并根据网络探测获得的广播地址进行广播发送并接收工业控制设备的回复数据包，获取各设备详细信息，从而完成系统探测。实验结果证明，该方法在网络探测过程中可以获得西门子交换机的具体信息；比对 Wireshark 检测到的数据包与该方法网络探测得到的数据包，证明探测模块能够实现探测工控网络的功能；同时，将所获得的信息与漏洞数据库进行匹配，确定所使用的西门子工控系统存在已知漏洞。以上结果表明该工业控制系统漏洞扫描系统可以实现探测工业控制系统漏洞的功能。

张凤臣等人设计了一种面向工业控制系统的国产化漏洞分析系统。该系统基于国产硬件平台，使用 1024 位 AES 算法进行全盘加密，从而提高平台数据的安全性；进行漏洞扫描之前首先进行规则校验，校验成功之后安全加载规则漏洞库，并将规则整理为树型结构，然后逐级完成扫描。所使用的工控漏洞数据库运用漏洞插件技术实现功能更新，并采用自学习模糊测试技术，保障了漏洞测试的高效性。

杨盛明等人设计并实现了专门针对工业控制系统的漏洞数据库系统，为工作人员前期搜集漏洞信息提供了方便。设计者对工控系统漏洞进行了全面收集，采用优化的漏洞评级方法（CVRS）对工业控制系统漏洞进行重新评级，并对漏洞属性进行分析归纳，从而使具有多维属性的漏洞进行合理存储，有利于数据库的拓展和维护。所实现的系统还具备查询与共享功能，为相关人员研究工业控制系统漏洞提供了良好的平台。

沈伟锋在《面向攻击的网络漏洞扫描技术研究及系统实现》中依次从端口扫描、漏洞扫描和字典攻击三个层面对网络漏洞扫描技术进行了详细的讨论，并基于网络攻击过程中，网络漏洞扫描难以执行的问题，提出了一种基于木马体系结构的网络漏洞扫描模型，设计并实现了基于木马体系结构的面向攻击的网络漏洞扫描系统。

4）网络安全与漏洞扫描技术研究

龚静在《论计算机网络安全与漏洞扫描技术》中介绍了漏洞扫描的基础知识，并对两种主要的漏洞扫描技术的体系结构和基本原理进行了详细的阐述，从价格、性能和安全方面对这两种扫描技术进行了对比分析，并举例说明漏洞扫描技术在信息安全中的重要性。

杨炯建在《自适应网络安全漏洞扫描技术研究》中介绍了传统的网络漏洞扫描技术，并基于其执行效率较低的缺陷，提出了一种基于 Dempster-Shafer 证据理论的自适应网络安全漏洞扫描模型，通过对目标主机的基本信息的探测，并根据目标主机之间的漏洞信任度，对漏洞的关联性进行了处理和分析，分别建立目标主机的自适应漏洞库，从而提高漏洞扫描的效率，设计了自适应网络安全漏洞扫描系统，并进行了仿真测试。

黄超在《基于 GHDB 的漏洞扫描技术的研究与实践》中针对 Web 安全漏洞扫描技术进行了研究，并详细阐述了 CGI 漏洞和 SQL 漏洞的基本信息和扫描方法，提出了利用搜索引擎进行漏洞扫描的基本思路，避免了和目标系统之间的直接通信，实现了漏洞扫描全过程的隐蔽性，提出了一种基于谷歌黑客漏洞（GHDB）的 Web 安全漏洞扫描模型，并进行了效果验证。

王雷硕在《基于第三方平台的漏洞扫描技术研究与实现》中设计并实现了能够快速、全面并且高效地对目标系统进行扫描的基于 Nessus 的漏洞扫描系统，Nessus 的操作较为简单，扫描结果较为准确，扫描的效率也较高，有助于网络管理员检测当前网络的基本信息和安全状况。

王庆、刘嘉勇、胡勇在《基于 Windows 下溢出漏洞扫描技术的网络渗透分析与实现》中对目前流行的几种网络渗透技术进行了介绍，对漏洞扫描技术的分类和实现进行了分析，对 Windows 下的溢出漏洞扫描方法进行了研究，并就 Win2000 的 PNP 溢出漏洞（MS05 - 039）的扫描进行分析和代码实现。

朱健华在《浅析信息化建设中的安全漏洞扫描技术》中对漏洞扫描技术进行了详细分

析，并指出安全漏洞扫描技术的未来发展趋势。

郜旭庆在《端口与漏洞扫描技术研究》中介绍了网络安全扫描技术的概念及其分类，对其中两种主要技术的原理进行了详细阐述，即端口扫描技术和漏洞扫描技术，指出了各类端口扫描技术及漏洞扫描技术的实现原理与发展方向。

范海峰在《基于漏洞扫描技术的网络安全评估方法研究》中对漏洞扫描技术进行了介绍，并以漏洞扫描技术为主要研究对象，综合分析了该技术在网络安全评估方面的运用方法，对构建正确的网络安全评估模式具有一定的积极意义。

卓家在《信息化建设中网络安全漏洞扫描技术的研究》中论述了在现代化信息建设中网络安全漏洞扫描技术的重要性，并对网络安全漏洞扫描技术的原理、设计思路及发展趋势进行了初步的研究。

5）其他漏洞扫描技术研究

向碧群、黄仁在《漏洞扫描技术及其在入侵检测系统中的应用》中介绍了漏洞扫描器和其基本工作原理后，归纳并且详细分析了网络安全扫描软件所涉及的几种关键技术。其中包括全 TCP 连接扫描、TCP SYN 扫描、ICMP 扫描和 TCP FIN 扫描等。然后介绍了几种常见的漏洞扫描工具，最后介绍了漏洞扫描技术在入侵检测系统中的具体应用和入侵检测系统的未来发展。

王新喆、许榕生在《基于漏洞扫描技术的生存性分析系统的设计》中分析了信息系统生存性分析技术的发展现状，并结合漏洞扫描技术提出了生存性分析系统的设计思路，设计了基于漏洞扫描技术的生存性分析流程，详细描述了生存性分析系统实现的框架结构、核心算法和模块化分，最后给出实验环境中生存性分析系统的输出结果。

孟江桥、李爱平在《基于 Metasploit 加载 Nessus 的漏洞扫描技术实现》中分析了 Metasploit 是一款功能强大且不断完善的开源性漏洞检测工具，在进行漏洞的扫描和研究方面起着举足轻重的作用。为了提高 Metasploit 对于漏洞探测的准确度，将在其框架内部加载 Nessus 模块，进行实验验证。实验证明，在 Metasploit Console 界面能有效地加载 Nessus 进行策略扫描，并能查看其扫描结果。

陈铁明等提出了一种基于漏洞分类及插件技术的漏洞扫描技术，其优点是该技术采用 C/S 模型结构，服务器端的扫描程序以独立的插件形式执行，而客户端漏洞的扫描功能设置则基于漏洞的分类，采用证书认证机制来保障 C/S 交互的安全性；其缺点是此技术是基于漏洞库，漏洞库规则的局限性会影响到扫描结果的准确度。

王兰佳等提出了基于多态 shellcode 的漏洞探测技术，其优点是该模块以多种方式提高系统吞吐量，降低了漏报和误报率；其缺点是缺乏普适性更强的检测模型以及没有结合协议分析来加强数据的预处理。

5.4　工业控制系统漏洞挖掘技术

漏洞挖掘是一个多种漏洞挖掘分析技术相互结合、共同使用和优势互补的过程。工控漏洞挖掘的核心价值则在于发现工业控制系统潜在的未知漏洞，可以对 SCADA 系统、DCS 系统、PLC 控制器等工业控制系统进行漏洞挖掘，为工业控制系统的安全检测工作提供基础和技术支撑。

5.4.1　漏洞挖掘技术分类

根据分析对象的不同，漏洞挖掘技术可以分为基于源码的漏洞挖掘技术和基于目标代码的漏洞挖掘技术两大类。

基于源码的漏洞挖掘的前提是必须能获取源代码，对于一些开源项目，通过分析其公布的源代码，就可能找到存在的漏洞，例如对 Linux 系统的漏洞挖掘就可采用这种方法。但大多数的商业软件其源码很难获得，不能从源码的角度进行漏洞挖掘，只能采用基于目标代码的漏洞挖掘技术。对目标代码进行分析涉及编译器、指令系统、可执行文件格式等多方面的知识，难度较大。

基于目标代码的漏洞挖掘首先将要分析的二进制目标代码反汇编，得到汇编代码；然后对汇编代码进行切片，即对某些上下文关联密切、有意义的代码进行汇聚，降低其复杂性；最后通过分析功能模块，来判断是否存在漏洞。

漏洞挖掘技术从逆向分析的软件测试角度，又可分为白盒测试、黑盒测试和灰盒测试三类。

1. 白盒测试

白盒测试是基于源码的，也就是在人可以理解程序或者测试工具可以理解程序的条件下，对程序安全性进行测试。这种测试其实是一种对已有漏洞模式的匹配，只可能发现已知模式的漏洞，而对于未知模式无能为力。同时，这种测试还会产生误报。对这种测试而言，了解的程序细节越详细，测试的结果也就越准确。基于白盒测试技术的安全性测试关注的是数据操作和算法逻辑，对这两方面进行跟踪、抽象和分析，然后去匹配已知的不安全模式，而得出结论。

2. 黑盒测试

在软件的设计和开发过程中，无论是设计者还是开发者都会作一个隐含假设，即软件存在输入域，用户的输入会限定在该输入域中。然而在软件的实际应用中，没有可以将用户的输入限制在一定范围内的机制，特别是一些恶意用户，他们会通过各种方法寻找输入域之外值，以期发现软件的漏洞。黑盒测试就是利用各种输入对程序进行探测，并对运行程序进行分析，以期发现系统漏洞的测试技术。这种测试技术仅仅需要运行的程序而不需要分析任何源代码，测试者对软件内部一无所知，但是清楚地知道软件能做什么，能够对程序基于输入和输出的关联性进行分析。

3. 灰盒测试

灰盒测试综合了白盒测试和黑盒测试的优点。灰盒测试表现为与黑盒测试相似的形式，然而测试者具有程序的先验知识，它对于程序的结构和数据流都有一定的认识。这种测试可以直接针对数据流中感兴趣的边界情况进行测试，从而比黑盒测试更高效。典型的灰盒测试有二进制分析，二进制分析往往首先通过逆向过程（Revers Engineering，RE）来获得程序的先验知识，然后通过反编译器、反汇编器等辅助工具确定有可能出现漏洞的行，反向追踪以确定是否有利用的可能性。常用的反汇编器有 IDA Pro，反编译器有 Boomerang，调试器有 OllyDbg、WinDbg 等。灰盒测试具有比黑盒测试更好的覆盖性，然而逆向工程非常复杂，要求熟悉汇编语言、可执行文件格式、编译器操作、操作系统内部原理以及其他各种各样的底层技巧。

5.4.2　漏洞挖掘分析技术分类

漏洞挖掘是一个多种漏洞挖掘分析技术相互结合、共同使用和优势互补的过程。目前漏洞挖掘分析技术有多种，主要包括手工测试技术（Manual Testing）、模糊测试技术（Fuzzing）、二进制比对技术（Diff and BinDiff）、静态分析技术（Static Analysis）、动态分析技术（Runtime Analysis）等。

1. 手工测试

手工测试是通过客户端或服务器访问目标服务，手工向目标程序发送特殊的数据，包括有效的和无效的输入，观察目标的状态、对各种输入的反应，根据结果来发现问题的漏洞检测技术。手工测试不需要额外的辅助工具，可由测试者独立完成，实现起来比较简单。但这种方法高度依赖于测试者，需要测试者对目标比较了解。手工测试可用于 Web 应用程序、浏览器及其他需要用户交互的程序。

2. 模糊测试技术

模糊测试技术是一种基于缺陷注入的自动软件测试技术，它利用黑盒测试的思想，使用大量半有效的数据作为应用程序的输入，以程序是否出现异常为标志，来发现应用程序中可能存在的安全漏洞（如图 5-5 所示）。所谓半有效的数据是指对应用程序来说，文件的必要标识部分和大部分数据是有效的，这样应用程序就会认为这是一个有效的数据，但同时该数据的其他部分是无效的，这样应用程序在处理该数据时就有可能发生错误，这种错误能够导致应用程序的崩溃或者触发相应的安全漏洞。模糊测试技术是利用 Fuzzing 工具通过完全随机的或精心构造一定的输入来实现的。

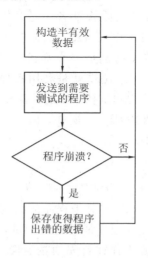

图 5-5　模糊测试过程图

模糊测试技术根据应用对象主要可分为两类：一类是文件格式的模糊测试技术，主要针对图像格式、文档格式等；另一类是基于协议的模糊测试技术，主要针对 RPC 协议和 HTTP 协议等。

模糊测试通常以大小相关的部分、字符串、标志字符串开始或结束的二进制块等为重点，使用边界值附近的值对目标进行测试。模糊测试技术可以用于检测多种安全漏洞，包括：缓冲区溢出漏洞、整型溢出漏洞、格式化串漏洞、竞争条件漏洞、SQL 注入、跨站点脚本、远程命令执行、文件系统攻击、信息泄露等。目前公布的安全漏洞中有许多都是使用模糊测试技术检测发现的，并且有许多模糊测试工具可以用于测试应用程序的安全性。

与其他技术相比，模糊测试技术具有思想简单，容易理解，从发现漏洞到漏洞重现容易，不存在误报的优点，当然它也具有黑盒测试的全部缺点，而且它有不通用，构造测试周期长等问题。

3. 二进制比对技术

二进制比对技术又可称为补丁比对技术，它主要是被用以挖掘"已知"的漏洞，因此在一定意义上也可被认为是一种漏洞分析技术。由于安全公告中一般都不指明漏洞的确切位置和成因，使得漏洞的有效利用比较困难。但漏洞一般都有相应的补丁，所以可以通过比较补丁前后的二进制文件，确定漏洞的位置和成因。

补丁比对技术对于安全人员及黑客都是非常有用的技术，通过补丁比对分析，定位漏洞代码，再加以数据流分析，最后可以得到漏洞利用的攻击代码。有经验的安全专家或黑客甚至能在很短的时间内就完成这个漏洞挖掘与利用的过程。

补丁比对技术有很多，简单的比较方法有二进制字节比较和二进制文件反汇编后的文本比较，前者只适用于若干字节变化的比较；而后者缺乏对程序逻辑的理解，没有语义分析，适用于小文件和少量的变化。这两种方法都不适合文件修改较多的情况。较复杂的方法还有 Tobb Sabin 提出的基于指令相似性的图形化比较和 Halvar Flake 提出的结构化二进制比较，前者可以发现文件中一些非结构化的变化，如缓冲区大小的改变等，并且图形化显示比较直观。其不足是受编译器优化的影响较大，且不能在两个文件中自动发现大量比较的起始点。后者注重二进制可执行文件在结构上的变化，从而在一定程度上消除了编译器优化对分析二进制文件所带来的影响，但这种方法不能发现非结构的变化。

常用的补丁比对工具有 IDefense 公司发布的 IDACompare、The eEye Digital Security 发布的 Binary Diffing Suite(EBDS)以及 Sabre Security 的 BinDiff。它们都是基于结构化二进制比较技术的补丁比对工具。此外，NCNIPC 还于 2007 年 12 月发布了 NIPC Binary Differ(NBD)补丁比对工具，大大地扩充了经典算法中的简易签名。

4. 静态分析技术

静态分析技术是通过词法、语法、语义分析检测程序中潜在的安全问题，发现安全漏洞的，其基本思想方法也是对程序源程序进行静态扫描分析，故也归类为静态检测分析。静态分析重点检查函数调用及返回状态，特别是未进行边界检查或边界检查不正确的函数调用(如 strcpy、strcat 等可能造成缓冲区溢出的函数)、由用户提供输入的函数、在用户缓冲区进行指针运算的程序等。

目前流行的软件漏洞静态分析技术主要包括源代码扫描和反汇编扫描，它们都是一种不需要运行软件程序就可以分析程序中可能存在的漏洞的分析技术。

源代码扫描主要针对开放源代码的程序，通过检测程序中不符合安全规则的文件结构、命名规则、函数、堆栈指针等，从而发现程序中可能隐含的安全缺陷。这种漏洞分析技术需要熟练掌握编程语言，并预先定义出不安全代码的审查规则，通过表达式匹配的方法检查源代码。由于程序运行时是动态变化的，如果不考虑函数调用的参数和调用环境，不对源代码进行词法分析和语法分析就没有办法准确地把握程序的语义，因此这种方法不能发现程序动态运行过程中的安全漏洞。

反汇编扫描对于不公开源代码的程序来说往往是最有效地发现安全漏洞的办法。分析反汇编代码需要有丰富的经验，也可以使用辅助工具来帮助简化这个过程。但不可能有一种完全自动的工具来完成这个过程。例如，利用一种优秀的反汇编程序 IDA 就可以得到目标程序的汇编脚本语言，再对汇编出来的脚本语言使用扫描的方法，从而进一步识别一些可疑的汇编代码序列。通过反汇编寻找系统漏洞的好处是从理论上讲，不管多么复杂的问题总是可以通过反汇编来解决的。它的缺点也是显然的，这种方法费时费力，对人员的技术水平要求很高，同样不能检测到程序动态运行过程中产生的安全漏洞。

静态分析方法高效快速，能够很快完成对源代码的检查，并且检查者不需要了解程序的实现方式，故非常适合自动化的程序源程序缓冲区溢出检查。此外，它还能够较全面地覆盖系统代码，减少了漏报。但这种方法也存在很大的局限性，不断扩充的特征库或词典，造成了检测的结果集大、误报率高；静态分析方法，重点是分析代码的"特征"，而不关心程序的功能，不会有针对功能及程序结构的分析检查。

5. 动态分析技术

动态分析技术是一种动态的检测技术，在调试器中运行目标程序，通过观察执行过程中程序的运行状态、内存使用状况以及寄存器的值等发现潜在问题，寻找漏洞。它从代码流和数据流两方面入手：通过设置断点动态跟踪目标程序代码流，以检测有缺陷的函数调用及其参数；对数据流进行双向分析，通过构造特殊数据触发潜在错误并对结果进行分析。动态分析需要借助调试器工具，如 SoftIce、OllyDbg、WinDbg 等是比较强大的动态跟踪调试器。

常见动态分析方法有输入追踪测试法、堆栈比较法、故障注入分析法等。

动态分析是在程序运行时进行分析，找到的漏洞即表现为程序错误，因此具有较高的准确率；它能够有针对性地对目标系统进行检查，从而能够准确地确定目标系统相应功能或模块的系统表现。此外，动态分析技术与黑盒测试非常相似，无需源代码，可以通过观察程序的输入和输出来分析，并对其进行各种检查，以验证目标程序是否有错误，如由输入引发的缓冲区溢出漏洞，可以使用此方法。

动态分析可以满足某些安全检测的需要，但还是有较大的局限性，它效率不高，不容易找到分析点，需要熟悉目标系统且有丰富经验，技术复杂，对分析人员要求高，难以实现自动化发现。在大规模项目的检查中，动态分析技术受到较大的制约。

5.4.3　工业控制终端设备的漏洞挖掘

工业控制终端设备的漏洞挖掘主要分为两个方向：面向硬件的模糊测试和终端设备固

件逆向分析的漏洞挖掘。

1. 工业控制系统模糊测试研究现状

2007 年黑帽大会上，专门为 Sulley 设计的 ICCP（包括 TPKT 和 COTP）、Modbus 和 DNP 3.0 模糊测试模块（例程）被美国 Tipping Point 公司的信息安全研究员 Devarajan 发布出来，可用来检测上述工业控制网络协议在非授权命令执行、非授权数据传输、可能的拒绝服务等方面存在的安全漏洞；德国奥格斯堡应用技术大学的 Roland Koch 等人推出了 ProFuzz，一种在 Python 版本 Scapy fuzzer 基础上开发的 Fuzzing 工具，兼容 Sulley 的 fuzzing 模块，专门针对 Profinet 协议族进行模糊，目前支持告警帧随机 AFR（Alarm Frame Random）、告警帧排序 AFO（Alarm Frames Ordered）、循环实时 CRT（Cyclic Real Time）、设备发现及配置获取申请请求 DIP（DCP Identity Requests）和精确时间控制协议 PTCP（Precision Transparent Clock Protocol）五种类型。

SecuriTeam 在其 beSTORM 模糊测试工具中整合了 DNP 3.0 协议，并使用 Netcat 和 Wireshark 进行了 DNP 3.0 模糊测试，验证了工具的有效性；2007 年，美国能源部下属的 Digital Bond 公司则开发了 ICCPSic，一种商业性的 ICCP 测试工具套件；Mu Dynamic 公司提供了 Mu 测试套件，使用结构化语法分析的方法来生成畸形测试数据，目前支持对于包括 IEC61850、Modbus TCP 和 DNP 3.0 在内的工业控制网络协议，并可通过其附带的 Studio Fuzz 功能分析 PCAP 包，实现对未知工业控制协议的扩展；Wurldtech 公司推出了 Achilles 模糊测试平台，基于专家经验生成最可能造成对象协议崩溃的畸形测试数据，已经实现对包括 Modbus TCP、DNP3.0、ICCP、MMS 和 Ethernet/IP 在内的多种工业控制系统协议的支持；Codenomicon 公司在 PROTOS 项目的基础上推出了 Defensics 模糊测试平台和测试套件，实现对 Modbus 协议的兼容。

这些研究成果主要是公开工业控制网络协议的模糊测试工具，而且模糊测试用例的数据往往是基于随机生成的，丢包率较高。此外，工业控制协议具有专用性强、种类多的特点，即使在公有协议的范畴，也仅有少数几种协议得到现有模糊测试工具支持，绝大部分协议未得到覆盖。

2. 终端设备固件逆向分析的漏洞挖掘

挪威科技大学的 Morten Gjendemsjo 提出了一种攻击 PLC 的方法，即对逆向的固件进行分析，挖掘漏洞。固件包含代码和数据，存储在只读存储器中。对于控制器来讲，固件通常包含一个完整的操作系统，包括系统内核、启动代码、文件系统，还有梯形图运行时系统之类的应用、Web 服务器、FTP 服务器。

这种方法如果成功的话，将可完全破解控制器。或许，在研究其他类型的攻击时，可以从内部运行机制的角度去观察，漏洞挖掘就变得容易。

同时，进行固件逆向分析需要花费大量的时间。工业控制终端设备产品众多，采用的固件往往不同。有的硬件采用嵌入式系统，如 CElinux、Vxworks 等，并且多数都经过了裁剪、修改，逆向难度较大。其他的一些终端设备比如西门子直接采用私有的操作系统，逆向分析难度更大。

在我国自从工信部 451 号文发布之后，国内各行各业对工业控制系统安全的认识都达到了一个新的高度，电力、石化、制造、烟草等多个行业，陆续制订了相应的指导性文件，来指导相应行业的安全检查与整改活动。

综合上述的分析，工业控制终端设备漏洞威胁很大，但是没有一种有效的方法去进行漏洞挖掘。现有的模糊测试的方法，针对性不强，覆盖性太低，且数据都是随机生成，丢包率高。固件逆向分析的方法耗时太长，效果差，且通用性不强。因此，业界急需一种高效的针对工业控制硬件的漏洞挖掘方法。

总体而言，工业控制系统的安全研究仍处于非常初级的阶段，不仅仅是在国内，国际上也是如此。由于事关国家安全、民生、经济等重大问题，工业控制系统安全引起了各国政府的重视，相当多的政府机构、工业控制厂商、信息安全厂商已投入大量的精力进行相关研究，并取得了一定的成果。但是工业控制系统安全的研究存在着一些问题：现阶段工业控制系统的安全研究主要侧重于战略、防护等方面，对于单独的工业控制设备的研究几乎没有。这跟现阶段工业控制系统安全研究水平不高有重要的关系，信息安全人才不了解工业控制，工业控制开发人员通常又不重视安全性而是将实时性、可用性放在第一位，这就造成了对具体设备安全性研究的巨大困难。

虽然困难很大，但是工业控制具体设备的安全研究却是工业控制安全的根本。只有单个设备的安全性得到了保证，整个系统的安全性才有可能。工业控制具体设备的安全性研究的不足也是目前工业控制系统安全针对性不强的根本原因。

表 5-2 所示为工业控制漏洞扫描与工业控制漏洞挖掘产品对比分析列表。

表 5-2　工业控制漏洞扫描与工业控制漏洞挖掘产品对比分析列表

指标	工业控制漏洞扫描产品	工业控制漏洞挖掘产品
核心功能	检测已知的安全漏洞	检测未知的安全漏洞为主 也可以检测已知的安全漏洞
核心技术	漏洞数据库	模糊测试技术
应用场景	1. 网络建设/改造前后的安全风险评估 2. 定期的网络安全自我检测、评估 3. 安装新软件、启动新服务后的检查 4. 网络承担重要任务前的安全性测试 5. 网络安全事故后的分析调查 6. 公安、检测部门组织的安全性检查	1. 测评机构组织的产品安全性测评、认证 2. 工业控制设备、软件发布前的漏洞发现 3. 网络建设/改造前后的安全风险评估 4. 网络安全事故后的分析调查
主要客户	1. 生产型企业：如电力、石油、石化 2. 公安、检测部门 3. 从事风险评估的组织	1. 工业控制厂商：如和利时、西门子 2. 测评认证机构 3. 从事风险评估的组织
功能限制	存在误报	不存在误报
代表产品	国外：ISS Scanner(被 IBM 收购)，Tenable Nessus； 国内：绿盟 ICSScan，天镜脆弱性扫描与管理系统	国外：Wurldtech Achilles(被 GE 收购)，Codenomicon Defensics； 国内：威努特漏洞挖掘平台，电子六所漏洞挖掘平台，匡恩网络漏洞挖掘检测平台

续表

指标	工业控制漏洞扫描产品	工业控制漏洞挖掘产品
国际认证	ISA Secure VIT	ISA Secure CRT
国际工控行业案例	—	Wurldtech Achilles 认证已经得到了全球工业控制业界的广泛认可,成为了事实标准。一些工业领域的标准化组织也都借鉴了 Achilles 认证,作为其制订安全规范的依据 • IEC(国际电工委员会)62443-2-4 即将颁布,该标准完全参照 Achilles 实施认证 • Achilles 测试平台是 ISA(国际自动化学会)的 Secure EDSA 认证使用工具 • WIB(国际仪表工具使用者协会)与 Wurldtech 合作制定了首个工厂信息安全标准 • 日本已经规定从 2013 年起所有工控产品必须通过完全参照 Achilles 认证的国家标准才能在国内使用 • 十大工控设备生产厂商已有八家采用 Achilles 认证 • 一些全球巨头已经将 Achilles 认证作为企业的强制性标准,要求所有供货商必须通过该认证

5.4.4 工业控制系统漏洞挖掘技术研究现状及趋势

针对工业控制系统漏洞挖掘主要集中在工业控制协议、工业控制软件、ActiveX 控件、HMI 程序及工业控制设备等方向。

1. 工业控制系统漏洞挖掘技术研究现状

对现有研究成果进行总结对比可知,部分研究人员对测试用例进行研究,采用量化判定、遗传变异等方法进行优化,提高漏洞挖掘的效率。向骥等通过引入置信度的概念对测试用例中的参数进行量化处理,使其能够通过分类算法对其有效性进行分类。在测试用例作为模糊测试的输入之前,使用量化判定模块对其进行有效性判定:升高参数安全的测试用例的置信度,降低被不安全函数调用参数的测试用例的置信度,并根据被测组件赋予加权系数,完成量化目的。最后通过分类算法对其进行分类,丢弃置信度过低的测试用例,从而提高判定结果的准确性。阮涛等构造了由错误字段内容数据集以及协议裁剪和扩充数据集组成的模糊测试集,并更改取值步长和裁剪步长进行性能测试,得到测试用例结构与测试覆盖率之间的关系。同时,为解决双处理器工业控制设备数据处理出现延迟性的问题,采用循环检测的异常定位算法来提高定位的精确度，进行实验得出被测设备循环次数的最佳值。吴波等采用的测试用例来自监控组态软件，首先运用反汇编和数据包分析技术分析该输入的格式，进行二进制编码；然后采用轮盘赌选择和截段选择法进行遗传操作，使用单点交叉和本位变异进行选择交叉变异操作；文章使用 IDA Pro 等逆向工具和 OllyDbg 等调试器进行软件分析和断点设置，通过统计测试数据触发的断点数量来计算算法的适应度值，并将其作为下一轮测试中各项参数调整的依据。

为了减少进行模糊测试前进行协议分析的工作量，张亚丰等在扩展巴科斯范式的基础上引入功能函数，构造了基于 MABNF 语法的协议模型；将报文作为输入，根据模型转换为 MABNF 变异树，并生成了 pit 文件；提出测试用例生成与优化算法，对范式语法变异树进行深度优先遍历，得到节点集合后再实施节点变异，获得了效果更好的测试用例集。在此基础上，作者又进行了后续改进研究：提出漏洞被发现是由于被测目标先是处于一定的异常状态，才能由畸形测试报文触发的观点，使用协议状态机先进行状态引导，再进行漏洞挖掘测试。首先用 XML 描述状态机构建模型，并使用 PSTSGM 算法对被测目标状态加以引导。测试用例依旧由 MABNF 范式语法模型生成。同时，使用心跳探测的方法实现精确的异常定位。最后，基于 Peach 设计实现了模糊测试工具 SCADA - Fuzz。

部分研究旨在构建具有多功能的漏洞分析系统。尚文利等针对以 PLC 为例的工业嵌入式设备进行研究，设计具有完备功能的工业控制系统漏洞分析系统。首先利用 FSM 建立工业协议状态模型，为生成测试用例提供条件；利用状态模型对协议脚本文件进行描述，再使用异常变异树进行变异，得到可以输入的测试用例，实现未知漏洞挖掘；根据漏洞数据库和协议状态模型，将病毒样本构造为测试用例，实现已知漏洞扫描；为了提高漏洞识别模块识别的准确性，采用两种工业控制电信号进行双重漏洞识别，构建专家知识库对检测出的漏洞进行分析和评估，并给出相对应的处理建议。

模糊测试器往往采用普通模式进行部署，即测试器充当客户端，测试目标作为服务器端；内联式的模糊测试器部署在服务器和客户端之间，能够实现双向测试。吴波等提出了一种模糊测试框架，对监控组态软件和 ActiveX 控件进行模糊测试，并采用遗传算法实现测试用例集的优化。框架综合应用了两种部署方式对 ActiveX 控件的上层模糊测试器采用普通部署模式，下层的模糊测试器部署在现场设备与组态软件之间。在具体实验中，使用了主流模糊测试器和专门进行组态软件漏洞挖掘的工业测试器。Voyiatzis 等提出并且设计了一种针对 Modbus/TCP 的内联模糊测试工具 MTF。此工具分阶段运行，产生的网络流量较少。该模糊测试系统包含一个"探测"阶段，在该阶段构建功能码为 43 的 ADU 数据包向被测对象发送，然后捕获数据流量来识别 SUT 相关信息，同时通过主动发送请求或被动捕获流量的方式，对 Modbus 所映射的数据内存类型进行探测，获取其边界值。"探测"阶段获得的信息保存在 CSV 文件中以便用于之后自定义的攻击阶段。Shapiro 等面向工业领域的 SCADA 系统设计了模糊测试工具 LZFuzz，使用 arp-sk 工具执行 ARP 欺骗，从而使 LZFuzz 工具内联到主从端之间，在此基础上实现了 SCADA 系统中客户端和服务器的双向测试。Xiong 等提出了一种针对 Modbus/TCP 协议的名为 Smart Fuzzer 的模糊测试工具，专门提出了针对主机（客户端）的测试用例生成方法：利用 ARP 欺骗捕获从机发送的正常数据包，并对这些数据包以基于突变方法进行测试用例的生成，再发送给主机。

Kim 等针对智能电网存在的安全漏洞提出一种使用模糊测试进行分析的新方法，对使用专有协议 MMS 协议的智能电网进行了分析讨论。首先，分析使用 ASN.1 语法的 MMS 协议编码特征，指出相关协议的语法相似性。然后根据工业协议特征及应用考虑，作者将协议域划分为 Case0 长度，Case1 内容（数据字段）与 Case2 常规（功能字段）三个类别，并根据分类获得不同种类的模糊测试数据，从而进行更加有效地测试。Kim 给出了 MMS 读取请求消息的字段分类结果与 TPKT 和 COTP 方案的归档分类结果，为模糊测试创建了 1 901 743 个测试用例。在实验中，使用生成的测试用例集进行基于智能电网协议的模糊测试，成功检测到了 3 个未知异常。

OPC 协议是基于 OLE/COM 的通用标准协议，可用于工业数据通信。使用 OPC 技术可以使来自不同制造商的工业设备毫无困难地交换数据。OPC 漏洞将会为 ICS 安全带来严重威胁。Wang 等提出了一种面向 OPC 协议的模糊测试技术。首先，在分析 OPC 协议的基础上采用基于生成的变异机制生成测试用例，利用微软发布的公共 RPC 库来实现 OPC 客户端并构造合法数据包；接着，模糊器扫描服务器与接口，使用 RPC 协议建立与目标的连接，并进行参数解析；然后，将生成的测试用例通过会话管理模块发送给被测对象并进行异常捕获；最后，日志记录模块记录异常数据和会话过程，捕获全部的数据流量，重启被测对象。

上述研究使用的测试用例大多来源于工业通信协议，这也是目前工业控制系统漏洞挖掘技术的大趋势。除此以外，还可以采用软硬件间编程数据作为测试用例的样本。于长奇采取了这种方式，针对工业控制系统终端设备提出一种改进的漏洞挖掘技术。作者针对使用多个西门子 S7‒300 系列 PLC 的工控网络进行测试，使用以太网嗅探技术抓取通信数据包，采用逆向工程技术获取其中的原始编程数据，进而获得 50 个测试样本，进行交叉变异后得到了 1000 个测试用例。结合实际情况对内存模糊器进行优化改进，提高了测试效率。异常监控模块负责对被测设备进行异常检测，使用了异常隔离机制和心跳机制。通过实验发现了 S7‒300 PLC 存在的一个拒绝服务漏洞，该漏洞可能会造成 PLC 无法重启。

2. 工业控制系统漏洞挖掘技术研究趋势

虽然工业控制系统的漏洞挖掘取得了一定的成果，但是当前研究仍存在着一定的不足。如何更好地进行漏洞检测，减少存在的漏洞数量，降低工业控制系统被攻击的风险，研究人员们做出了许多努力。

基于模糊测试的工业控制系统漏洞挖掘研究都有一个共同的目标，就是提高漏洞挖掘的性能，从而更好地保障工业控制系统安全。

为了实现这个目标，研究人员们对测试过程进行了多方面优化改进。首先是实现协议格式分析上的优化。对通信协议进行充分分析将有利于构造更有效的测试用例，然而目前对协议分析多采用人工手段，工作量较大。不同的工业控制系统网络支持的通信协议可能不同，这更增加了测试人员的负担。张亚丰等采用了 MABNF 模型对工业通信协议进行统一描述，并由该模型生成了代码覆盖率较高的测试用例；尚文利等也使用了 FSM 模型对协议脚本文件进行了描述，为生成测试用例提供了条件。由此可见，采用统一的模型描述工业协议，实现协议格式的自动化分析，减少测试开发人员的负担，将是工业控制漏洞挖掘技术未来发展的一个可行方向。

在测试用例的优化上，向骐等采用的置信度筛选判定方法，尚文利和吴波等人使用的遗传变异方法，均在一定程度上优化了测试用例，对于减少检测时间、提高漏洞挖掘的性能起到了重要作用，所以未来也需要继续进行这方面的研究。研究人员应当选择合理有效的测试用例生成算法，降低测试用例的冗余度，提高测试命中率；同时也需要保证测试用例的有效性，否则即使生成了大量的畸形测试数据，也会被协议校验机制检测丢弃，测试效率无法得到提高。

除此之外，双向测试似乎是一个新的研究趋势。由于工业控制报文大多采用明文传输，使用中间人方式捕获并变异是完全可行的。内联模式部署模糊测试器，不仅可以实现对客户端和服务器的双向测试，还可以截获实时数据包并从被测设备处接收返回结果。根据获得的信息判断被测设备是否出现异常，进行动态变异策略调整。然而，张亚丰等通过对实验结果分析指出，这种实时测试的方式需要占用一定的处理器资源，模糊测试的时间可能略有延长，需要多加考虑优化问题。

5.4.5　工业控制网络协议漏洞挖掘技术

工业控制网络协议的漏洞挖掘方法是通过将网络报文作为测试用例，发送给被测对象，被测对象接收到网络报文后，协议栈程序对网络报文进行解析，提取出数据信息，这些数据信息进入到程序内部进行业务逻辑的处理，在进行漏洞挖掘的同时，对被测对象的运行状态进行监控。针对工业控制网络协议漏洞挖掘技术路线如图 5-6 所示。

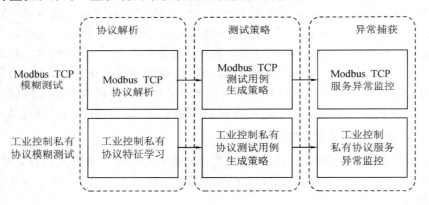

图 5-6　工业控制网络协议模糊测试技术路线

1. 协议解析

为将网络协议的漏洞挖掘方法应用在工业控制网络中，则需要构造工业控制网络协议的报文进行漏洞挖掘，而协议栈程序之所以能够接收处理网络报文，是因为发送给被测对象的网络报文均符合被测系统所支持的网络协议，因此，在进行漏洞挖掘之前，首先需要对被测的网络协议进行研究解析，根据工业控制网络协议的协议特征生成被测对象接收的测试用例，并且充分利用协议特征可以更好地监控被测对象的状态，有效地提高漏洞挖掘的效率。在 Modbus TCP 的漏洞挖掘方法中，本文依据 Modbus TCP 协议文档分析 Modbus TCP 的协议特征，在工业控制私有协议的漏洞挖掘方法中，本文根据工业控制网络协议中普遍存在的协议特征提出了工业控制私有协议特征学习方法，通过学习方法获得私有协议的协议特征。

2. 测试策略

在获得工业控制网络协议的协议特征之后，需要依据协议特征生成测试用例对被测对象进行漏洞挖掘。漏洞挖掘的测试用例中数据的覆盖范围广，随机性强，但是测试效率低。如何提高漏洞挖掘的测试效率是需要考虑的重点问题。漏洞挖掘使用测试用例对被测对象进行测试，因此，本节介绍结合工业控制网络协议测试用例变异因子和工业控制网络协议的协议特征，基于 Modbus TCP 协议和私有协议的测试用例生成策略，以协议特征为单位生成协议特征值，构建工控网络协议测试用例。

3. 异常捕获

在对被测对象进行漏洞挖掘的过程中，需要实时监控被测对象的状态，如果被测对象发生异常，能够对异常情况进行实时捕获，记录被测对象出现的错误问题。能否实时精准的捕获被测对象的异常信息决定了漏洞挖掘方法的有效性，而工业控制系统内部无法本地部署监控程序，只能通过远程监控的方法监控被测对象的运行状态是否正常，而远程监控的方法无法获得被测对象程序的详细数据信息，因此，需要充分利用工业控制网络协议的协议特征，依据响应报文中携带的数据信息判断被测对象的状态。

4. 工业控制网络协议测试用例变异因子

依据 CNVD 中工业控制系统的漏洞信息提取了三种具有代表性的漏洞类型，分别是格式化字符串漏洞、数值边界漏洞和缓冲区溢出漏洞。

工业控制网络协议通常由协议头部和 Data 域组成，协议头部主要包括功能标识符、协议标识符、长度域等字节长度固定的参数信息，表示控制指令的控制方式，Data 域包括字节长度不固定的数据信息，表示控制指令的具体控制行为。根据三种工业控制系统漏洞类型的特征和工控网络协议的特征，设计了工控网络协议测试用例变异因子，包括字节变异因子和 Data 域变异因子。

1）字节变异因子

字节变异因子是以协议特征为单位，从协议特征的取值范围中，将特殊字节值提取出来形成多个类别，对多个类别中的字节值进行选取，生成协议特征的特征值，有三种字节变异因子，分别是格式化字符变异因子，数值边界变异因子和特殊值变异因子，如图 5-7 所示。

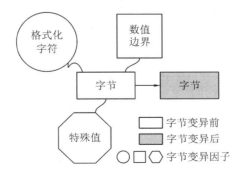

图 5-7　字节变异因子

（1）格式化字符变异因子。格式化字符变异因子是以协议特征为单位将字节值设置为特殊字符的十六进制 ASCII 值，检测被测对象是否会由于无法处理一些特殊字符而发生控制程序错误，该变异因子取值的部分字符如表 5-4 所示。

表 5-4　部分特殊 ASCII 字符

ASCII 码	字符	ASCII 码	字符
00	NULL	24	$
1E	RS	25	%
1F	US	26	&
20	SP	27	'
21	!	28	(
22	"	3F	?
23	#	40	@

（2）数值边界。数值边界变异因子是以协议特征为单位将字节值设置为字节边界值，检测被测对象能否正常的处理这些字节值，则该变异因子的取值范围为 $\{-1,0,1,0xFF\}$。

（3）特殊值变异因子。特殊值变异因子表示字节的取值范围是协议特征的取值集合减去上述两个变异因子取值集合所剩下的集合。$S_{feat}(i)$ 为协议中 i 特征的取值集合，S_{ASC} 为格式化字符变异因子的取值集合，S_{num} 表示数值边界变异因子的取值集合，$S_{val}(i)$ 为 i 特征的特殊值变异因子的取值集合，则 $S_{val}(i)$ 的计算方法见公式（5-1）。

$$S_{val}(i) = S_{feat}(i) - S_{ASC} - S_{num} \tag{5-1}$$

2）Data 域变异因子

Data 域变异因子主要对 Data 域的长度值进行分类，对多个类别中的长度值进行选取，确定测试用例中 Data 域的长度，再通过字节变异因子生成 Data 域中的字节值，本文设计的 Data 域变异因子如图 5-8 所示。设工控网络协议中功能标识符 j 的 Data 域最大长度为 $DL_{max}(j)$，最小长度为 $DL_{min}(j)$，所有功能标识符的 Data 域最大长度为 DL_{MAX}。

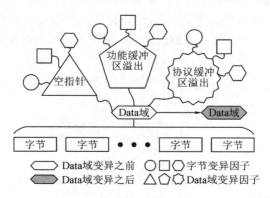

图 5-8　Data 域变异因子

（1）功能缓冲区溢出变异因子。功能缓冲区溢出变异因子表示功能标识符 j 的 Data 域长度大于等于协议规约中规定的功能标识符 j 的 Data 域最大长度，小于所有功能标识符的 Data 域最大长度，生成的 Data 域用于检测被测对象是否会由于输入长度过长的 Data 域而发生缓冲器溢出错误，则该变异因子设定的功能标识符 j 的 Data 域长度 $DL_{func}(j)$ 的取值范围为 $DL_{func}(j) \in [DL_{max}(j), DL_{MAX}]$。

（2）空指针变异因子。空指针变异因子表示功能标识符 j 的 Data 域长度大于等于 0，小于等于协议规约中规定功能标识符 j 的 Data 域最小长度，生成的 Data 域用于检测被测对象是否会由于输入长度不足的 Data 域而发生空指针错误，则该变异因子设定的功能标识符 j 的 Data 域长度 $DL_{ep}(j)$ 的取值范围为 $DL_{ep}(j) \in [0, DL_{min}(j)]$。

（3）协议缓冲区溢出变异因子。协议缓冲区溢出变异因子表示 Data 域的长度大于等于协议规约中规定的所有功能标识符的 Data 域最大长度，小于等于网络协议规定的应用层数据的最大长度，生成的 Data 域用于检测被测对象是否会由于输入超过工业控制网络协议规定的 Data 域最大长度而发生缓冲器溢出错误，则该变异因子设定的 Data 域长度 DL_{pro} 的取值范围为 $DL_{pro} \in [DL_{MAX}, 1500]$。

3）变异因子执行方法

工业控制网络协议测试用例的协议特征值和 Data 域长度值的生成操作包括两步：选择变异因子和选择变异因子内的数据值。本文对两步选择过程进行归一化处理，将两次的选择过程简化为一次选择过程，提高协议特征值的生成效率。由于在归一化处理后每个变异因子选择概率的上界和下界正好映射在取值区间内，因此结合连续取值区间的特征，本文使用轮盘赌选择策略，在归一化处理后计算变异因子的累积概率，构造选择轮盘。本文使用的轮盘赌选择过程由以下几步组成：

（1）获取所有变异因子的选择概率。变异因子 q 的选择概率为 $P(q)$（$0 \leqslant P(q) \leqslant 1$）。

（2）进行归一化处理，计算所有变异因子的累积概率。通过所有变异因子的选择概率计算每个变异因子的选择概率在 $[0,1]$ 区间内百分比映射的上界和下界，将变异因子的字节值或长度值的取值范围映射到 $[0,1]$ 区间内，数值映射方法见公式（5-2）。

$$\frac{At_{max}(q) - At_{min}(q)}{y - At_{min}(q)} = \frac{P_{up}(q) - P_{low}(q)}{x - P_{low}(q)} \qquad (5-2)$$

其中，x 是 $[0,1]$ 区间内的随机变量，y 是最终所得的字节值或长度值，$At_{max}(q)$ 和 $At_{min}(q)$ 表示变异因子 q 取值范围的最大值和最小值，$P_{up}(q)$ 和 $P_{low}(q)$ 表示变异因子 q 的选择概率在 $[0,1]$ 区间内百分比映射的上界和下界，且 $P_{up}(q)$ 为变异因子 q 的累积概率。

（3）生成 $[0,1]$ 区间内的随机变量 x，通过数值映射方法，计算最终的字节值或长度值 y。即可以通过一次随机过程，直接获得变异因子 q 的字节值或长度值。如果生成的随机变量 x 满足 $P_{up}(q'-1) < x \leqslant P_{up}(q')$，表示该轮盘选择了变异因子 q'。

为使变异因子被选中的概率严格依据其选择概率，即随机变量 x 落在取值区间 $[0,1]$ 中任一等长度的子区间内的可能性相同，本文使随机变量 x 服从取值区间 $[0,1]$ 内的均匀分布 $U(0,1)$，即 x 落在区间 $[0,1]$ 的子区间的概率只依赖于子区间的长度，而与子区间的位置无关。则变异因子 q 的选择概率 $P(q)$ 的计算方法见公式（5-3）。

$$P(q) = \int_{P_{low}(q)}^{P_{up}(q)} f(x) \mathrm{d}x, \quad f(x) = \begin{cases} 1, & a < x < b \\ 0, & \text{其他} \end{cases} \qquad (5-3)$$

5. Modbus TCP 模糊测试方法

为提高 Modbus TCP 测试用例的接收率，测试用例的构造过程必须依据协议特征，因此，本文对 Modbus TCP 的协议特征进行深度解析，结合变异因子和协议特征的依赖关系构造 Modbus TCP 测试用例。Modbus TCP 是请求响应模式的工业控制网络协议，一对请求与响应数据中的协议特征值具有对应关系，因此，为有效捕获被测对象的异常信息，本文通过分析 Modbus TCP 的请求与响应协议特征对应关系，提出了 Modbus TCP 服务异常监控方法，该方法能够在进行模糊测试的同时，通过被测对象的响应数据，远程监控被测对象的状态，以此验证协议深度解析的必要性和测试用例的有效性。

1）Modbus TCP 协议深度解析

Modbus TCP 的应用数据单元（ADU）由 Modbus TCP 协议头部（Modbus Application Protocol Header，MBAP Header）和协议数据单元（Protocol Data Unit，PDU）组成，Modbus TCP 协议特征如图 5－9 所示。PDU 主要包括控制指令的数据信息，其中，功能码（Function Code，FC）是控制指令的功能标识符，长度为 1B（Byte，字节）；数据域（Data）是控制指令的控制数据，该特征的最大长度为 252 B。MBAP Header 主要包括控制指令的参数信息，传输标识符（Transaction ID）是一对请求与响应的唯一标识符，长度为 2 B，协议标识符（Protocol ID）是 Modbus TCP 的协议标识，长度为 2 B，单元标识符（Unit ID）是远程从站的标识，长度为 1 B，长度域（Length）表示单元标识符、功能码和数据域的字节长度总和，长度为 2 B。

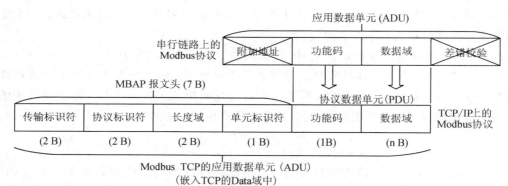

图 5－9　Modbus TCP 协议特征

Modbus TCP 是请求响应模式的工业控制网络协议，Modbus TCP 客户端发送一个带有控制指令的请求报文，Modbus TCP 服务器接收到请求报文后向客户端发送一个相应的响应报文，Modbus TCP 的请求报文和响应报文中的协议特征存在特征值的对应关系。

（1）请求与响应的 MBAP 对应关系。Modbus TCP 请求报文与响应报文的 MBAP 特征值对应关系如表 5－5 所示。

表 5－5　请求与响应的 MBAP 对应关系

协议特征	协议特征关系
传输标识符	相等
协议标识符	相等；均为 0x00
长度域	无相关性
单元标识符	相等

（2）请求与响应的 PDU 对应关系。请求报文中数据正常的情况下，响应报文的功能码与请求报文的功能码相同，本文根据 Modbus TCP 协议规约，分析所有 PLC 均支持的 6 个功能码，每个功能码的请求报文与响应报文的 PDU 对应关系如表 5-6 至表 5-9 所示。

表 5-6　0x01 或 0x02 功能码的请求与响应 PDU 对应关系

报文类型	协议特征	特征值
请求	起始地址	Add(2 Bytes)：0x0000 to 0xFFFF
	线圈或输入数量	Quantity(2 Bytes)：0x0001 to 0x07D0
响应	字节数	Num(1 Byte)：if(Quantity%8==0) Num=Quantity/8
	线圈或输入状态	elseNum=Quantity/8+1 Status（Num Bytes）

表 5-7　0x03 或 0x04 功能码的请求与响应 PDU 对应关系

报文类型	协议特征	特征值
请求	起始地址	Add（2 Bytes）：0x0000 to 0xFFFF
	保持寄存器或输入寄存器数量	Quantity（2 Bytes）：0x0001 to 0x007D
响应	字节数	Num（1 Byte）：Num=2 * Quantity
	保持寄存器或输入寄存器值	Value（Num Bytes）

表 5-8　0x05 或 0x06 功能码的请求与响应 PDU 对应关系

报文类型	协议特征	特征值
请求	输出或寄存器地址	Add（2 Bytes）：0x0000 to 0xFFFF
	输出或寄存器值	Value（2 Bytes）：if(Output Value) 0x0000 or 0xFF00 else0x0000 to 0xFFFF
响应	输出或寄存器地址	Add（2 Byte）
	输出或寄存器值	Value（2 Bytes）

表 5-9　0x0f 或 0x10 功能码的请求与响应 PDU 对应关系

报文类型	协议特征	特征值
请求	起始地址	Add(2 Bytes)：0x0000to 0xFFFF
	输出或寄存器数量	Quantity(2 Bytes)：if(Outputs Quantity) 0x0001 to 0x07B0 else0x0001 to 0x007B
响应	字节数	Num(1 Byte)：if(Outputs Quantity) if(Quantity%8==0) Num=Quantity/8 else Num=Quantity/8+1 elseNum = 2 * Quantity
	输出或寄存器值	Value(Num Bytes)

（3）异常请求与响应的功能码对应关系。如果请求报文中的数据异常，Modbus TCP 服务会向请求方发送一个带有异常功能码（Exception Function Code，EFC）的响应报文，用于指示该请求报文中数据的异常情况，并且响应报文中的功能码数值为请求报文中功能码数值加 0x80。异常请求与响应的协议特征对应关系如表 5 - 10 所示，其中异常功能码 0x01 表示请求功能不合法，0x02 表示请求地址不合法，0x03 表示请求数值不合法，0x04 表示 Modbus TCP 服务异常。

表 5 - 10　异常请求与响应的协议特征对应关系

报文类型	功　能　码	异常功能码
请求	FC_{req} (1 Byte)	无
响应	FC_{res} (1 Byte)：FC_{req} + 0x80	EFC (1 Byte)：0x01,0x02,0x03,0x04

2）Modbus TCP 测试用例生成策略

Modbus TCP 协议中，依据变异因子或其他因素以协议特征为单位生成协议特征值的操作被称为 Modbus TCP 协议特征的生成规则。Modbus TCP 的协议特征之间具有依赖关系，该依赖关系如图 5 - 10 所示。长度域中的数据值描述了单元标识符、功能码和数据域的字节长度总和，除了依据字节变异因子生成长度域，长度域的生成规则还需要依据单元标识符、功能码和数据域的字节长度值，则应在生成这三个协议特征之后再生成长度域。因此，无依赖关系的协议特征的生成规则仅由变异因子组成，而具有依赖关系的协议特征的生成规则由变异因子和被依赖的协议特征组成，在进行模糊测试的同时，Modbus TCP 测试用例中具有依赖关系的协议特征应在被依赖的协议特征之后生成。

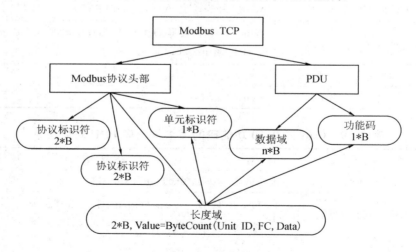

图 5 - 10　Modbus TCP 协议特征依赖关系

根据协议特征的生成规则可知，协议特征的生成需要具有先后顺序，因此本文依据上述的 Modbus TCP 协议特征依赖关系构造协议特征序列，依据协议特征序列生成每个测试用例。协议特征序列的构造方法为：从 Modbus TCP 节点进行深度优先搜索遍历，获得深度优先搜索遍历序列，将序列中非协议特征的节点除去，将遍历序列的逆序序列作为协议特征序列。由于依赖协议特征节点的深度小于被依赖协议特征节点的深度，所以在深度优先搜索遍历序列中，被依赖协议特征节点位于依赖协议特征节点之后，在协议特征序列中，被依赖协议特征节点位于依赖协议特征节点之前。因此，根据协议特征序列的顺序，以协议特征为单位使用变异因子生成每个协议特征，形成一个 Modbus TCP 测试用例，该过程的示意图如图 5-11 所示。

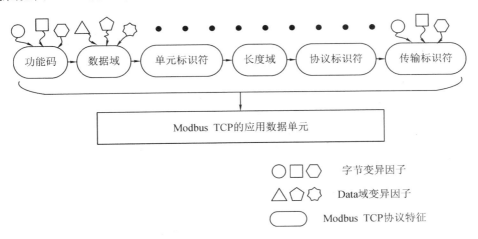

图 5-11　Modbus TCP 应用数据单元的生成

3）Modbus TCP 服务异常监控方法

前面分析了 Modbus TCP 的请求与响应协议特征对应关系，因此，可以根据响应数据的正确性判断被测对象的状态。由于变异因子生成的字节值或长度值并不完全符合 Modbus TCP 协议规约，所以一些测试用例可能不会得到被测对象的响应，需要判断无响应的测试用例是否真正引发了被测对象异常，以此确定该测试用例是否正确检测到协议漏洞。

（1）服务响应异常监控方法。请求和响应的传输标识符相等且具有唯一性，根据传输标识符对请求和响应进行配对，使用请求与响应协议特征对应关系实时对每一对请求与响应数据进行比对检测，同时通过发送国际控制报文协议（Internet Control Message Protocol，ICMP）的请求报文，地址解析协议（Address Resolution Protocol，ARP）的请求报文和正常的 Modbus TCP 报文作为心跳测试包，结合本文提出的旁路监听和测试用例无响应的确认方法（如图 5-12 所示）对被测对象进行异常监控。未接收到响应报文时，需要确认发送报文是否引发被测对象异常，确认操作为：再次发送无响应的测试用例和两个正常的测试用例，如果无响应的测试用例仍无响应，而两个正常测试用例的响应数据均正常，则证明无响应的测试用例已被被测对象丢弃，未影响被测对象的正常运行，否则该无响应的测试用例引发了被测对象异常。如果心跳测试包的响应数据异常，可记录该异常心跳测试包之前的测试用例用于异常分析。

（2）异常特征与变异因子的定位方法。发现异常测试用例后，需要确定导致异常情况的变异因子，即确定导致该测试用例中哪一个或几个特定的协议特征值导致了被测对象的异常情况。一个面向 Modbus TCP 服务的测试用例由 6 个协议特征值组成，包括 Transaction ID、Protocol ID、Length、Unit ID、FC 和 Data，可理解为一条数据信息由 6 个属性描述，并且该数据信息确定了一个结果属性，该结果属性是被测对象的正常或异常情

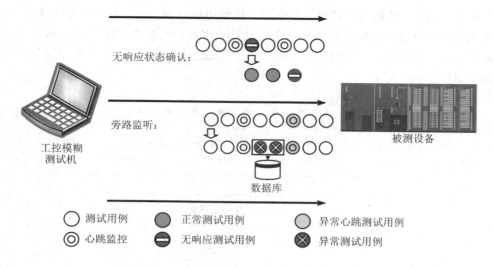

图 5-12　旁路监听和测试用例无响应的确认方法

况。则需要确定该数据信息中哪一个或几个特定的属性值是导致该结果属性的关键属性值。因此，由于 Modbus TCP 协议的协议特征值之间具有依赖关系，本节选择粗糙集理论中的基于分辨矩阵的属性约简算法，利用决策属性对条件属性的依赖程度进行属性的约简。

　　由于 Protocol ID 是 Modbus TCP 协议的协议标识，为保证服务能够将测试用例视为 Modbus TCP 报文进行处理，测试用例中，Protocol ID 的协议特征值均为 0x0000，则一个测试用例的数据信息中仅具有 5 个可变的协议特征。在获取了异常测试用例后，需要通过发送确认报文寻找异常测试用例中的关键属性值，在生成确认报文的过程中，将每个协议特征的取值设置为两种特征值，分别是该协议特征的正常协议特征值和异常测试用例中的协议特征值，因此，排除与该异常测试用例相同的确认报文，生成并向被测对象发送 2^5-1 个 Modbus TCP 的确认报文，包含所有可能的协议特征值组合，记录被测对象的响应数据是否正常，则知识表达系统的论域中有 31 个样本元素，以下标 exc 表示异常测试用例中的协议特征值，下标 nor 表示正常的协议特征值，构造的决策表如表 5-11 所示。

表 5-11　测试用例决策表

	Trans ID	Length	Unit ID	FC	Data	测试结果
1	ti_{exc}	$size_{nor}$	ui_{nor}	fc_{nor}	$data_{nor}$	正常
2	ti_{nor}	$size_{exc}$	ui_{nor}	fc_{nor}	$data_{nor}$	正常
...	...	...	...	...	...	...
30	ti_{nor}	$size_{nor}$	ui_{exc}	fc_{exc}	$data_{exc}$	异常
31	ti_{nor}	$size_{exc}$	ui_{exc}	fc_{exc}	$data_{exc}$	异常

　　依据决策表，构建区分矩阵。区分矩阵中，如果一个矩阵的元素中只具有一个属性，则这个属性为核属性，核属性是区分样本元素的重要属性。矩阵元素包含的属性越少，则该矩阵元素中属性的重要性越大，因此面对决策表中的条件属性 CA，CA 重要度的计算方法见公式(5-4)。

$$IM(CA) = IM(CA) + \frac{count(CA)}{card(ME)} \qquad (5-4)$$

其中：ME 为矩阵中的某一个矩阵元素；IM( )函数计算属性 CA 的重要度；count 函数计算属性 CA 在区分矩阵中出现的次数。

面向异常测试用例协议特征的可变矩阵属性约简算法中，首先根据条件属性集计算决策属性对条件属性集的依赖程度 γ_T，将只包含一个属性的矩阵元素中的属性作为核属性，然后，计算决策属性对核属性的依赖程度 γ_{core}，如果 γ_{core} 等于 γ_T，则 RA 为约简属性，否则，将核属性加入属性集 RA，删除分辨矩阵中包含 RA 的所有元素，计算分辨矩阵中剩余条件属性的重要度，将重要度最大的属性加入 RA，最后，计算决策属性对条件属性集 RA 的依赖程度 γ_{RA}，如果 γ_{RA} 等于 γ_T，则 RA 为约简属性，否则继续将剩余条件属性中重要度最大的属性加入 RA，计算依赖程度 γ_{RA}，直到 γ_{RA} 等于 γ_T 为止。计算约简属性的具体流程如图 5-13 所示。

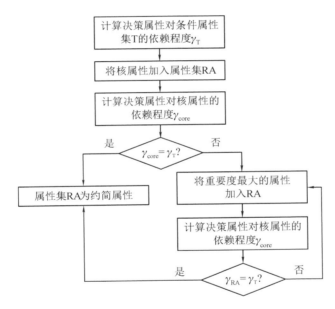

图 5-13　属性约简方法流程图

习　　题

一、填空题

1. 漏洞(vulnerability)是指系统中存在的一些（　　　　）或（　　　　）的逻辑缺陷，是系统在硬件、软件、协议的具体实现或系统安全策略上存在的缺陷和不足。

2. 在（　　　　）扫描后可知目标主机开启的端口以及端口上的网络服务。

3. 根据漏洞扫描采用的技术可以分为：基于（　　　　）的漏洞扫描和基于（　　　　）的漏洞扫描。

4. 漏洞挖掘是一个多种漏洞挖掘分析技术相互结合、共同使用和优势互补的过程。根

据分析对象的不同，漏洞挖掘技术可以分为基于（　　　　　　）的漏洞挖掘技术和基于
（　　　　　）的漏洞挖掘技术两大类。

5. 目前（　　　　　）技术有多种，主要包括手工测试技术（manual testing）、Fuzzing 技术、二进制比对技术（Diff and BinDiff）、静态分析技术（static analysis）、动态分析技术（runtime analysis）等。

6. 工业控制终端设备的漏洞挖掘主要分为两个方向：面向硬件的（　　　　　）和终端设备固件（　　　　　）的漏洞挖掘。

二、思考题

1. 常见的漏洞类别有哪些？至少列举 5 个，并简要说明。

2. 常见的漏洞扫描技术以及扫描工具有哪些？

3. 漏洞挖掘技术从逆向分析的软件测试角可分为哪几类，各有什么特点？

4. 简要介绍 Modbus TCP 协议。

第六章　访问控制/工业控制专用防火墙

工业和信息化部就工业控制系统信息安全发布了一个指南，对从事工业控制系统规划、设计、建设、运维、评估的企事业单位提出了十一个方面的安全防护工作要求。其中要求通过工业控制网络边界防护设备对工业控制网络与企业网或互联网之间的边界进行安全防护，禁止没有防护的工业控制网络与互联网连接。

工业控制网络边界安全防护设备包括工业防火墙、工业网闸、单向隔离设备及企业定制的边界安全防护网关等。工业企业应根据实际情况，在不同网络边界之间部署边界安全防护设备，实现安全访问控制，阻断非法网络访问，严格禁止没有防护的工业控制网络与互联网连接。通过工业防火墙、网闸等防护设备对工业控制网络安全区域之间进行逻辑隔离安全防护。工业控制系统网络安全区域根据区域重要性和业务需求进行划分。区域之间的安全防护，可采用工业防火墙、网闸等设备进行逻辑隔离安全防护。

工业控制系统协议中的安全问题是工业控制网络边界安全防护主要关注方面。工业控制系统协议中的安全问题可分为两类：一类是协议自身的设计和描述引起的；另一类是协议的实现引起的。针对工业控制系统的攻击行为主要以专有的通信协议或规约漏洞为突破口，对工业终端设备造成威胁，因此针对工业控制器的入侵检测技术也应以解析工控系统的专有协议为基础进行研究。

传统 IT 安全技术并不能直接用于工业控制系统，主要原因之一为工业控制系统采用专有的通信协议或规约（如 Modbus TCP、DNP 3.0、IEC 61870 – 5 – 104、MMS、GOOSE 等），同时协议规约实现具有多样性。

从网络安全的角度来分析，传统 TCP/IP 网络具有动态的通信和不可预测的行为的特点。与传统 TCP/IP 网络不同，工业控制系统通信网络具有"状态有限"和"行为有限"的特点。"状态有限"指工业控制系统通信具有规律性和稳定性的特点，即规则的通信流。"行为有限"指工业控制系统具有较固定的行为特征和可预测的行为模式，从而简化模型的描述。就具体通信设备而言，通常重复执行其有限的操作。

6.1　工业控制信息安全认证概述

信息安全认证是为了证明某一种产品具备信息安全方面的能力及技术要求。在传统信息安全领域，大多数著名厂商都已经通过相关产品认证，如公安部计算机系统安全产品质量监督检验中心的销售许可证，部分厂商还已经获得由中国信息安全认证中心（ISCCC）颁发的 IT 产品信息安全认证，表明其具备更高一级的信息安全保护能力。

工业控制防火墙作为信息安全产品的一类，也需要进行相关认证，表面具有一定的信息安全保护能力。

1. 美国工业控制产品信息安全认证

美国工业控制产品信息安全认证主要是 ISASecure 认证。ISA 是国际自动化学会的简称，其为工业和关键基础设施中使用的自动控制系统提供改善管理、安全和网络安全工程技术标准。ISASecure 认证是 ISCI 基于 IEC62443 标准开发的合规性认证，是目前工业控制领域最具权威安全认证。ISASecure 认证包括嵌入设备安全保障认证、系统安全保障认证和安全开发生命周期保障认证三大类。嵌入设备安全保障认证（Embedded Device Security Assurance，EDSA），侧重设备级别的安全性保障，认证对象是独立的工业控制设备，比如 PLC 等。系统安全保障认证（System Security Assurance，SSA），侧重系统级别的安全性保障，认证对象是工业控制系统，比如 DCS、SCADA、SIS 等。安全开发生命周期保障认证（Security Development Lifecycle Assurance，SDLA），侧重安全开发过程的保障，确保安全被正确地设计和落地，认证对象是研发团队。

2. 欧洲工业控制产品信息安全认证

全球领先的第三方检测认证机构 TV 南德意志集团（以下简称"TV 南德"）根据 IEC 62443 系列标准为西门子过程控制系统——Simatic PCS 7 颁发证书，这是世界范围内首个产品获得此类 TV 证书。该证书的颁发证明西门子产品符合 IEC 62443 - 4 - 1 及 IEC 62443 - 3 - 3 安全标准的要求。Simatic PCS 7 是一个可对持续制造过程进行监控的过程控制系统，必须具备功能安全和工业信息安全的高要求。国际标准 IEC 62443 的出台首次为工业自动化和控制系统方面的工业信息安全认证提供了基础，该系列标准针对工厂/系统，集成商/服务提供商以及制造商的工业信息安全提出了严格要求，其中，对制造商的认证基于 IEC 62443 - 4 - 1，对系统集成商的认证基于 62443 - 2 - 4，而对系统安全功能的评估则依据 IEC 62443 - 3 - 3。西门子此次获得的基于 IEC 62443 - 4 - 1 及 63443 - 3 - 3 标准的认证，表明 TV 南德专家确认 Simatic PCS 7 过程控制系统符合 IEC 62443 - 4 - 1 及 63443 - 3 - 3 标准的相关要求。同时，TV 南德专家也根据 IEC 62443 - 3 - 3 标准，对 Simatic PCS 7 已实现的安全功能进行了评估。之后定期进行的审查则将确保 Simatic PCS 7 在未来仍满足工业信息安全的相关要求。通过 IEC 62443 认证过程，西门子对其工业自动化产品的安全方法进行了文档记录，为集成商和运营商提供关于工业安全措施方面的指导。

3. 我国工业控制产品信息安全认证

在工业信息安全产品，如工业防火墙、工业隔离网关等方面，我国目前比较通用性的证书有 CCC 产品认证，计算机信息安全产品销售许可证、中国信息安全认证中心颁发的 IT 信息产品安全认证，其他比较具有行业特殊性的如电力行业中国电科院颁发的电力行业信息安全产品认证、国家保密科技测评中心颁发的涉密系统信息安全产品认证、解放军信息安全测评认证中心颁发的《军用信息安全产品认证证书》等，但是以上均为针对信息安全产品的测评认证，目前为止，除中国信息安全认证中心外，均无对于工业控制产品的信息安全认证。

6.2　我国不同行业工业控制防火墙使用特点

1. 电力行业

电力行业分为火电、水电、光伏、风电。总的来说电力企业网络与信息安全的监督管理比较明确，整体方案需按照《工业控制系统信息安全防护指南》(工信软函〔2016〕338 号、《电力监控系统安全防护总体方案》(国家能源局 36 号文)、《GB/T 22239－2008 信息安全等级保护基本要求》、《电力监控系统安全防护规定》(国家发展改革委员会 2014 年第 14 号令)等要求对电力监控系统进行信息安全强化。

总体技术方案的核心是依靠边界隔离、纵向加密、主机加固、威胁检测等立体化防护方案加强集中监控系统的信息安全，解决物理、网络、主机、应用、数据等方面的信息安全隐患。

工业控制防火墙通过对工业控制系统边界及工业控制系统内部不同控制区域之间进行边界防护，过滤两个区域网络间的通信。

2. 石油、化工行业

石油、化工企业的系统几乎都需要与 DCS、PLC、实时数据库等控制系统进行数据通信，办公网与控制网之间的数据通信需要进行保护。整体方案按照《关于加强工业控制系统信息安全管理的通知》(工信部协〔2010〕451 号文)、《工业控制系统系统信息安全防护指南》(工信软函〔2016〕338 号)、《GB/T 22239－2008 信息安全等级保护基本要求》等要求对石油、化工控制系统进行信息安全强化。

石油行业中工业控制防火墙部署在采油厂、作业区、场站油井边界及作业区区域边界，对各层级用户和外来的访问进行控制，保障采油厂、作业区等重要生产区域网络的可用性和安全性。

化工行业中，DCS 系统厂商的产品与信息层通讯多采用 OPC 协议，通讯缺少安全认证，数据易被窃取、篡改或破坏，工控防火墙进行数采协议 OPC 的只读防护。PLC 的产品设备使用分散、不集中，也需工控防火墙对其进行防护。

3. 钢铁冶炼行业

钢铁冶金企业具有生产流程长、生产装置分布点多、面广的特点。其控制系统的种类、厂家众多且纷繁复杂，网络架构层次较多。整体方案需按照《工业控制系统信息安全防护指南》(工信软函〔2016〕338 号)进行信息安全强化。

根据钢铁自动化控制系统网络的连接现状，可以将系统归纳为以下四类：第一类工业控制系统服务器(操作站)通过交换机与钢厂内网相连；第二类工业控制系统通过数采机与钢厂内网相连；第三类控制系统的控制器直接与钢厂内网相连；第四类独立运行的工业控制系统与钢厂内网不相连。工业控制系统中现场控制器 DCS、PLC 多采用 OPC、Modbus通用协议，而这些协议缺少安全认证，数据信息容易被窃取和篡改。SCADA 设备种类多，通信协议杂。通过工业控制防火墙对现场主要的控制器(PLC、DCS 等)进行网络隔离保护，阻止来自信息网或其他区域的攻击威胁或病毒扩散。

6.3　国外工业控制防火墙介绍

1. 派拓网络(Palo Alto Networks)公司 PA - 220R

　　新型 PA - 220R(如图 6 - 1 所示)是一款坚固耐用的下一代防火墙产品,可供各类组织使用,其中包括发电厂、公用事业变电站、石油和天然气设施、制造工厂以及医疗机构等。在 beta 测试(即验收测试)期间,该产品还被用于铁路系统、国防基础设施、游乐园。

图 6 - 1　派拓网络公司 PA - 220R

　　PA - 220R 新型防火墙专为应对工业及其他恶劣环境所设计,可以承受极端温度、震动、湿度、灰尘以及电磁干扰。

　　Palo Alto Networks® PA - 220R 的控制元素为 PAN - OS®安全操作系统,可在本机分类所有流量,包括应用程序、威胁和内容,然后将该流量与用户绑定,而不受位置或设备类型的影响。随后,将应用程序、内容和用户(也就是运行业务的要素)用作安全策略的基础,由此实现改善的安全状况,并缩短事件响应时间。

　　其主要安全功能如下:

　　1) 每时每刻在各端口对全部应用程序进行分类

　　(1) 工业协议和应用程序的 App - ID,例如 Modbus、DNP 3.0、IEC 60870 - 5 - 104、Siemens S7、OSIsoft PI® 等。

　　(2) 不论采用何种端口、加密(SSL 或 SSH)或者其他规避技术,都会识别应用程序。

　　(3) 使用应用程序而非端口,作为所有安全启用策略的决策基础:允许、拒绝、计划、检测、应用流量整形。

　　(4) 对未识别的应用程序进行分类,以便进行策略控制、威胁取证或 App - ID™技术开发。

　　2) 为所有位置上的所有用户实施安全策略

　　(1) 将统一策略部署至使用 Windows®、Mac® OS X®、macOS®、Linux、Android® 或 Apple® iOS 平台的本地或远程用户。

　　(2) 支持与 Microsoft® Active Directory® 和 Terminal Services、LDAP、Novell® eDirectory™以及 Citrix®的无代理集成。

　　(3) 将防火墙策略与 802.1X 无线、代理、NAC 解决方案和任何其他用户身份信息源轻松进行集成。

3）预防已知和未知威胁

（1）阻止一系列已知的通用威胁和特定于工业控制系统的威胁，其中包括在所有端口的漏洞利用、恶意软件和间谍软件（不受所用常见规避策略的影响）。

（2）限制未经授权的文件和敏感数据传输。

（3）识别未知的恶意软件，根据数百种恶意行为对其进行分析，然后自动创建并提供保护。

PA－220R下一代防火墙典型应用在变电站、发电厂以及工厂车间等，用来有效阻截工业控制系统和监控数据采集系统网络环境下的网络攻击。

2．多芬诺（Tofino）防火墙

Tofino工业防火墙，在石油和天然气，核电厂，冶金，化工，水厂，医药，公用事业等行业应用，同时其部分产品为Honeywell、MTL、Invensys－Triconex等国际知名制造商OEM生产。图6－2为FA－TSA－220系列防火墙。

Tofino防火墙内置50几种主流自动化产品制造商的私有通信协议，可实现与各主流自动化产品如Honeywell DCS系统、Yokogawa DCS系统、INVENSYS DCS等系统，OPC SERVER、IP21/PHD/PI等服务器或数据库无扰动接入。Tofino防火墙是基于内置工业通信协议的防护模式，由于工

图6－2　FA－TSA－220系列防火墙

业通信协议通常是基于常规TCP/IP在应用层的高级开发，所以Tofino防火墙不仅是在端口上的防护，更重要的是基于应用层上数据包的深度检查、协议分析，为工业通信提供独特的、工业级的专业隔离防护解决方案，主要功能特点如下：

1）安全性

（1）无IP地址连接技术，实现非IP的远程管理模式；

（2）白名单机制，默认阻止并报告所有不被允许的通信请求；

（3）市面上独家满足ANSI/ISA－99和NERC－CIP标准；

（4）特有的"TEST"模式，可在系统无任何风险的情况下进行防火墙和VPN测试；

（5）支持"特殊规则"，用于高级过滤规则和特殊安全功能的实现；

（6）支持SPI（Stateful Packet Inspection，全状态数据包检测）功能；

（7）针对工业协议采用深度包检测技术及应用层通信跟踪技术；

（8）集成在安全策略中的安全风险评估措施可避免突发事故和恶意入侵；

（9）实时网络通信透视镜功能。

2）可靠性

（1）导轨式安装，低功耗无风扇设计，采用物理散热方式；

（2）防腐涂层处理，彻底隔绝工厂环境对设备电路和元器件的腐蚀；

（3）专为工业应用而设计的高性能、高可靠性硬件，具备二区防爆认证；

（4）硬件平均无故障时间27年；

（5）支持冗余电源输入。

3）便捷性

（1）电气友好性，安装配置轻松，即插即用；

（2）配置管理平台一站式集中配置所有工业防火墙设备，轻松实现远程配置、管理和监控；

（3）即插即用，不用预组态、对现有网络做任何改变、不用停车即可在线直接插入使用；

（4）开放的安全策略实现方式，支持源、目的、IP、MAC 等网络参数的自由组合；

（5）可视的编辑工具为用户配置安全规则提供了快捷、简单的操作环境；

（6）不需进行任何改变，即可安装在控制系统中，在各个分区间形成特有的通信"管道"。

4）高效智能性

（1）图形化的拖放编辑器，通过模块化拖拽式网络编辑器来快速组建控制网络结构模型；

（2）支持网络行为智能分析功能，可将海量的日志进行建模分析，为用户提供最终结论和建议；

（3）强大的安全审计和安全管理功能，为用户提供最有效的管理工具；

（4）扩展性强，安全防护功能以软插件的形式嵌入到硬件，典型应用在以下场景中：

① MES 数采网与生产控制系统的隔离；

② APC 先控站的隔离防护；

③ 保护安全仪表系统、ESD 以及关键控制器；

④ 隔离工程师站，防止病毒扩散；

⑤ 石油和天然气输送 SCADA 系统；

⑥ 保护企业历史数据库；

⑦ OPC 通信安全防护；

⑧ Modbus TCP 通信安全防护；

⑨ DNP3、SNMP 等其他工业通信协议防护。

3. Check Point 1200R

关键基础设施和复杂的制造工业是网络攻击的主要目标，Check Point 工业控制系统被用于解决这些安全问题。如图 6-3 所示，Check Point 1200R 具有高度的集成安全性，可以在恶劣环境中部署，为企业提供了一个完整的端到端的安全解决方案。

图 6-3　Check Point 1200R

其主要功能如下：

1）在恶劣环境下保障 SCADA 的安全

（1）全功能安全网关，具有 6 个 1 Gb 端口，防火墙具有 2 Gb/s 吞吐量；

（2）无风扇紧凑设计，工作温度范围为 -40～75℃；

（3）符合 IEEE 1613、IEC 61850 - 3、IEC - 60945、IACS E10、DNV 2.4 等工业标准。

2）对 SCADA 流量的全方位掌控

（1）下一代防火墙可以对 SCADA 最细粒度的功能控制；

（2）记录 SCADA 协议各类日志，包含命令和参数，为网络中事件分析提供依据；

（3）配合安全合规检查软件监控是否符合相关安全规定，如 NERC CIP v5 工业安全标准。

3）SACADA 感知威胁和防御的综合安全

（1）支持大部分 ICS/SCADA 协议包含 BACNet，DNP 3.0、IEC - 60870 - 5 - 104、IEC 60870 - 6（ICCP）、IEC 61850、MMS、Modbus、OPC、Profinet、S7（Siemens）等；

（2）SCADA IPS 特征库可以检测和阻止工业控制系统漏洞；

（3）通过全方位的威胁防御能力（包括防火墙，入侵防御系统和反恶意软件）来检测和阻止对 SCADA 网络威胁。

Check Point 应用控制设备支持专有的工业控制系统，以及 SCADA 协议中的至少 800 个特殊命令。Check Point 典型应用在变电站、发电厂等，为大的地理区域中处于不理想位置的分支机构提供了到本部的安全连接。

4. 赫斯曼（Hirschmann）EAGLE 20/30 系列工业防火墙

EAGLE20/30 系列工业防火墙搭载 Hirschmann 安全操作系统（HiSecOS），目前 HiSecOS 3.0 为使用 EAGLE20/30 防火墙的用户提供了加强的安全功能，包括深度包检测和防火墙学习模式。EAGLE20/30 防火墙的灵活性继续支持许多配置选项，无需置备多个设备，可为用户节省空间和成本。EAGLE 20/30 防火墙如图 6 - 4 所示。

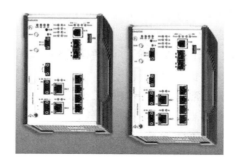

图 6 - 4　EAGLE 20/30 系列工业防火墙

EAGLE20/30 系列工业防火墙主要特点如下：

（1）模块化和可定制。多端口防火墙按单定制，提供多个配置选项，最多可有 8 个端口，包括快速以太网、千兆以太网和对称高速数字用户线路（SHDSL）。

（2）更广的网络安全。HiSecOS 的新特性，不仅允许不同类型的数据包通过网络，还能使用新的深度包检测技术功能探查数据包，了解数据包的本意，并根据配置的规则决定传送还是丢弃数据包。

（3）易于配置。采用防火墙学习模式的用户只要轻轻点击一下，就能自定义防火墙规则，完全不用多操心。

　　这是一台通过深度包检测技术融合了安全性的防火墙，可由用户指定网络接口，兼具冗余性和灵活性，而且通过了防爆认证。它还支持传统防火墙的功能，在化工、电力等企业中，可以采用单设备解决方案，为客户节省资源。

6.4　国内工业控制防火墙介绍

1. 天地和兴工业防火墙 HX - SFW

　　HX - SFW 工业控制防火墙（如图 6 - 5 所示）通过对工业控制系统边界及工业控制系统内部不同控制区域之间进行边界防护，对 OPC、Modbus、Profinet、IEC104、IEC61850 等多种工业控制协议深度报文解析，阻止来自管理网及不同区域间的安全威胁。

图 6 - 5　天地和兴工业防火墙 HX - SFW

　　其主要功能如下：

　　（1）深度解析工业控制协议：支持对 OPC、Siemens S7、Profinet、IEC104、IEC61850 等多种工控协议的深度报文解析。

　　（2）正常通信行为建模：基于工业控制协议通信记录，智能学习通信关系、操作功能码和参数等，对正常通信行为建模。

　　（3）恶意攻击防护：基于正常通信模型，对工业控制指令攻击、控制参数的篡改、病毒和蠕虫等恶意代码攻击等进行保护。

　　（4）网络访问控制：支持通用防火墙会话状态检测、包过滤机制及工业控制协议的深度访问控制，阻止各类非授权访问行为。

　　（5）日志告警上报：支持将设备运行日志、告警日志等上传至统一安全管理中心，进行统一的安全事件分析和管理。

　　（6）部署运行模式：支持学习模式、告警模式和防护模式三种工作模式。

　　典型部署在生产控制区边界以及生产非控制区边界，主要目标是提高企业运维效率；帮助企业对工业控制网络进行安全防护和安全加固，杜绝安全后门隐患，符合国家信息安全产品国产化政策；有效检测到工业控制网络中的通信异常和协议异常并加以阻止，进而避免工业控制系统的意外事故发生，保障安全运行；通过对控制协议的深度分析，防止伪装成正常通信协议内容的恶意代码进入工业控制系统网络内部，防范未知攻击。

2. 力控华康工业防火墙 HC‐ISG®

HC‐ISG®工业防火墙是国内专用于工业控制安全领域的防火墙产品，能够有效对SCADA、DCS、PCS、PLC、RTU等工业控制系统进行信息安全防护。HC‐ISG®工业防火墙主要解决工业基础设施在网络环境中受到病毒、黑客、敌对势力的恶意攻击以及工作人员误操作时的安全防护问题。HC‐ISG®工业防火墙通过了公安部检测、国家信息安全测评中心检测，取得了CE、FCC等认证和销售许可证，广泛应用于各工业现场。该产品如图6‐6所示。

图 6‐6　力控华康工业防火墙 HC‐ISG®

其主要特点如下：

（1）工业网络通信协议的深度过滤：内置了常用工业网络协议、通用网络协议等协议对象，在进行防火墙配置时可以直接引用即可。

（2）通用网络协议的防护：对通用网络协议进行访问控制和安全过滤，具有4～7层包过滤，支持以五元组形式对通用协议数据包进行访问控制和安全过滤。

（3）配置管理模块：可以离线配置，远程配置，配置过程不影响业务。

（4）安全攻击防护：具有DoS/DDoS攻击防护、异常数据包攻击防护、扫描防护功能，保护系统运行安全。

（5）全透明、无间断部署：采用全透明接入的方式，提供直通、测试、管控三种工作模式，在部署过程中无需中断生产系统的运行。

（6）智能协议识别和辅助规则生成：方便用户进行防火墙规则的配置，提高规则配置的准确性，减少规则配置的工作量。

（7）日志管理：支持多个系统日志服务器，可产生不同级别、类型的日志，并对日志进行管理配置，具有日志审计功能，可以根据不同条件进行日志查询等操作。

（8）实时流量监控：对各个网口流量以秒为单位进行流量的实时统计。

（9）业务连续性：网口支持旁路功能，可以根据系统运行状态、上下游设备和网络链路情况进行自动的切换，保证数据通信的持续畅通。

该产品典型部署在生产管理层和信息管理层的纵向防护，可阻断上层信息网的威胁；采用部署在控制层与生产管理层间的纵向防护及不同区域间的横向隔离；采用工业级设计，宽温宽压、低功耗、多种模式的导散热方式，可提高产品的稳定性和环境适应性。其目标是为企业提供一个现场快捷而方便的部署、简便的配置方法及容易上手的操作；提供智能协议识别和辅助规则生成，提高规则配置的准确性，减少规则配置的工作量。

3. 威努特工业防火墙 TEG 5010S

威努特工业防火墙分为边界型和区域型。基于 MIPS 架构＋深度定制 Linux 平台，通过对工业控制协议的深度解析，运用"白名单＋智能学习"技术建立工业控制网络安全通信模型，阻断一切非法访问，仅允许可信的流量在网络上传输，为工业控制网络与外部网络互联、工业控制网络内部区域之间的连接提供安全保障。

TEG 5010S 产品如图 6－7 所示。

图 6－7　威努特工业防火墙 TEG 5010S

其主要功能如下：

（1）工业控制协议深度解析：支持对 OPC、Siemens S7、Modbus、IEC104、Profinet、DNP 3.0 等数十种工控协议报文进行深度解析。

（2）正常通信行为建模：基于工控协议通信记录，智能学习通信关系、操作功能码和参数等，对正常通信行为建模。

（3）攻击防护：支持对工控指令攻击、控制参数的篡改、病毒和蠕虫等恶意代码攻击、各类 DoS(SYN Flood、Ping Flood、UDP Flood、Ping of Death、LAND 等)攻击的防护。

（4）网络访问控制：采用会话状态检测、包过滤机制进行深度访问控制，阻止各类非授权访问行为。

（5）工作模式：支持学习模式、告警模式、防护模式三种工作模式。

（6）日志告警上报：支持设备运行日志、告警日志等上传至统一安全管理平台，进行统一的安全事件分析和管理。

该防火墙搭载自主研发的数据包深度解析引擎，对工控协议（OPC、Modbus、IEC 60870－5－104、IEC 61850 MMS、DNP 3.0 等）各类数据包进行快速有针对性的捕获与深度解析，为解决工控网络安全问题提供技术保障。

该防火墙采用高性能 MIPS 多核处理器，运用白名单规则匹配算法，在开启深度报文检测（DPI）的情况下可实现 30 000 PPS 的吞吐量。其时延小于 100 μs，可有效保障通信的实时性。

该产品采用高可靠性的工业级设计：无风扇全封闭设计、双冗余电源、硬件故障自动旁路功能、优秀的温湿度适应性（温度：－40～85℃，湿度：5％～95％ 无凝结），符合 IP40 防护等级要求。

该产品提供 SDK 开发工具包，开放的平台接口可以方便客户自行扩展支持私有协议，以及做定制化的二次开发。

4. 启明星辰天清汉马工业防火墙

启明星辰天清汉马工业防火墙是一款专门为工业控制系统开发的信息安全产品，适用于 SCADA、DCS、PCS、PLC 等工业控制系统，可以被广泛地应用到核设施、钢铁、有色、化工、石油石化、电力、天然气、先进制造、水利枢纽、环境保护、铁路、城市轨道交通、民航、城市供水供气供热以及其他与国计民生紧密相关领域的工业控制系统。该产品如图6-8 所示，通常分为导轨式设备和机架式设备两种形态。

（a）导轨式设备 （b）机架式设备

图 6-8 启明星辰天清汉马工业防火墙

该产品可部署在工业网络每层的边界位置，如部署在监控层的边界，对数据采集进行安全过滤，或部署设备层的边界对不同的工厂进行逻辑隔离。

该产品也实现对关键位置的防护，如部署到关键的工程师站前面或者 PLC 前面进行逻辑隔离防护。

其主要功能如下：

（1）基础功能：具备基础防火墙功能，包括基于传统五元组、协议、资产、时间等多元组一体化访问控制；支持透明、路由、混合模式部署；设备内置多种工业防护模型，并可以自定义防护规则。

（2）工业 DPI：支持多种工业协议深度解析，包括 OPC、Modbus/TCP、Modbus/RTU、Ethernet/IP、IEC104 和 EIP 等协议，可以做到指令级访问控制。

（3）工业 IPS：预置工业控制系统攻击事件库，全面提升工业网络安全防护能力；基于自然语言描述的可扩展规则引擎，支持自定义报文解析，具备极佳的安全防护扩展能力。

（4）流量自学习：流量智能学习，自动推荐安全策略帮助管理员轻松运维，流量可视化，让管理员洞悉工业网络情况。

（5）工业虚拟私有网络 VPN：支持基于工业协议的数据加密传输。

（6）集中管理：支持工业防火墙的大规模部署，全网策略统一下发，设备情况统一展现，日志告警集中显示。

（7）日志审计：支持设备管理日志和系统日志的记录和审计。

本产品具备超强的耐寒暑环境适应能力，全金属外壳，无风扇设计，可有效的防护直径异物进入，完全适应尘土飞扬的工业环境。应用于：① 工业防火墙用于数采网和控制网隔离；② 工业防火墙用于先控站和工程师站隔离；③ 关键 PLC 防护等三个场景。防火墙针对工业协议的安全防护，除了具备白名单访问控制等基本功能外，还需要对工业协议有应用层的理解与控制，可以实现对工业指令的过滤。防火墙能够支持基于 Modbus/TCP、Modbus/RTU、IEC104 等协议的深度过滤功能。

5. 谷神星工业防火墙

谷神星工业防火墙专门针对工控系统网络安全需求，在传统防火墙的功能基础上提供了包括 Modbus、IEC104、DNP 3.0、Profinet/IP 等多种工业控制协议的深度解析，为石化、油气、电力、钢铁、核能、水利、飞机制造、轨道交通和环境保护等行业的工业控制系统网络安全提供全面、深入地保护。该产品如图 6-9 所示。

图 6-9 谷神星工业防火墙

本产品采用工业化设计，具有分布式部署、DDoS 攻击防护、白加黑名单技术、工业控制协议指令智能学习、逻辑程序更新报警、学习模式下黑名单防护、IP/MAC 绑定防护、OPC 动态端口防护、中间人攻击防护、OPC 连接日志显示等功能。

其主要参数如下：

（1）工业控制协议：支持 Modbus、DNP 3.0、IEC104、Profinet、OPC 等工业控制协议。

（2）传输协议：支持 TCP、UDP、ICMP 等传输协议。

（3）包过滤：支持基于 IP、端口、协议类型的访问控制。

（4）DDoS 防御：支持 ICMP Flood 攻击防护、UDP Flood 攻击防护、SYN Flood 攻击防护、Tear Drop 攻击防护、Land 攻击防护。

（5）端口扫描防护：支持传输协议及工控协议端口扫描防护。

（6）IP/MAC 地址绑定：支持 IP/MAC 地址绑定。

（7）远程及本地管理：支持远程 web 管理和本地 console 管理。

（8）管理员/用户权限：配置策略与查询日志要求不同权限。

（9）安全审计：支持记录允许及禁止的访问；支持离线日志记录。

（10）恶意代码防护：支持恶意代码检测，如蠕虫病毒、后门木马等。

（11）漏洞防护：支持基于制造商与型号的设备已知漏洞防护。

（12）访问权限限定：支持可访问 IP 地址、TCP 端口、UDP 端口的限定以及对 ICMP 访问权限限定。

6. 摩莎（Moxa）EDR-810 安全型路由器

台湾 Moxa 科技股份有限公司 EDR-810 系列（如图 6-10 所示）是一款集防火墙/NAT、VPN 于一体的高性能安全型路由器，这是一款专门为敏感远程监控网络中以太网安全应用而设计的产品，并且提供电子安全防线保护关键网络资产。

图 6 - 10 EDR - 810 系列路由器

EDR - 810 系列路由器包含以下网络安全特性：

（1）防火墙/NAT：防火墙策略控制不同信任区域之间的网络流量以及网络地址转换（NAT）防御内部局域网免受未经授权从外部主机传来的活动。

（2）VPN：虚拟私有网络（VPN）专为用户在公共互联网中提供一个私有的安全交流通道。使用 IPSec 服务器或客户端模式加密和认证在网络层的 IP 数据包，以确保机密性和发送方身份认证。

（3）EDR - 810 的"广域网路由快速设置"为用户提供了一个简易的方式来设置广域网和局域网端口来自动创建一个路由功能。此外，EDR - 810 的"快速自动化配置文件"为工程师们提供了一个简易的方式来配置防火墙的工业协议过滤功能，包括 EtherNet/IP、Modbus TCP、EtherCAT、Fieldbus 和 Profinet，用户只需在页面上简单地点击即可轻松创建一个安全的以太网络。EDR - 810 能够执行深层的 Modbus TCP 数据包检测。能在 $-40\sim75$℃ 的宽温环境下以及危险环境下可靠运行。

EDR - 810 系列典型应用在水厂的泵站和水处理系统、油气里的 DCS 系统，以及工厂自动化里的 PLC/SCADA 系统中。

6.5 国内外工业控制防火墙厂商对比

中国工业控制安全厂商，根据其历史背景可以分为以下三种类型。

1. 自动化背景厂商

这类厂商原来从事自动化相关的业务，后来看好工业控制安全的市场机遇，成立工业控制安全部门或子公司进入工业控制安全领域。典型厂商包括：青岛海天炜业自动化控制系统有限公司、北京力控华康科技有限公司、珠海市鸿瑞软件技术有限公司、中京天裕科技北京有限公司等。这类公司的特点是对工业控制系统有比较深刻的理解，有现成的客户资源。

如力控华康成立于 2009 年，是专业从事工业网络及安全产品研发，提供整体安全解决方案，通过"双软"认证的高新技术企业。

其他自动化厂商，如和利时集团、浙江中控技术股份有限公司、北京四方继保自动化股份有限公司等，主要是集成第三方的产品。

2. 传统安全厂商

这类厂商原来从事信息安全的业务，工业控制安全作为信息安全市场的一个新兴的细分市场得到关注，成立工业控制安全部门进入工业控制安全领域。典型厂商包括：启明星辰信息技术有限公司、北京网御星云信息技术有限公司、北京神州绿盟信息安全科技股份有限公司、北京中科网威信息技术有限公司、上海三零卫士信息安全有限公司。

这类公司的特点是信息安全技术积累较多，工业控制系统有待进一步加深理解。

如启明星辰信息技术集团股份有限公司作为深圳 A 股中小板上市公司，有一定的影响力。该公司成立于 1996 年，现在是国内极具实力的、拥有完全自主知识产权的网络安全产品、可信安全管理平台、安全服务与解决方案的综合提供商。

3. 专业工业控制安全厂商

专业工业控制安全厂商基本属于近年来成立的创业公司，整合了信息安全与自动化方面的人才，专注于工业控制安全领域。典型厂商包括：北京威努特技术有限公司、北京匡恩网络科技有限公司、谷神星网络科技(北京)有限公司。这类公司的特点是专注，其业务都是工业控制安全，工业控制安全业务的成败决定了公司的生死存亡，因此能够全力投入。如北京威努特技术有限公司是国内专注于工业控制安全领域的高新技术型企业，成立于2014 年。它以研发工业控制安全产品为基础，打造多行业解决方案，提供培训、咨询、评估、建设、运维全流程安全服务。

国外工业控制防火墙厂商和国内类似，主要分为两类：一类是自动化背景企业，如百通公司；另一类是传统安全厂商如 Check Point。值得一提的是美国百通公司(Belden)，百通公司于 2007 年收购了赫斯曼(Hirschmann)，2011 年收购了 Byres 安全公司，而多芬诺安全品牌是 Byres 安全公司的业务之一。

6.6　工业控制防火墙与传统防火墙的区别和联系

传统防火墙，现在也叫下一代防火墙(NGFW)，主要专注于实现应用控制，主要功能体现在网络层的控制，包括根据 IP、端口、MAC 地址进行限制数据传输。有的可以控制访问、阻止攻击、抵御恶意软件，并提供集成工具来跟踪已遭受的攻击、遏制攻击和从攻击中恢复。

工业控制防火墙对流通在客户工业控制网络中的所有数据进行全方位的解析、判断和控制，有效保障客户正常生产数据的传输，完全杜绝非法数据和病毒在客户工业控制网络中的分散和传播，最大程度上保证了客户生产的长期稳定运行。

工业控制防火墙一般为 DIN 导轨式或 U 型机架式，装在控制柜中，串入工业控制网络链路中，对该链路进行防护。且工业防火墙一般具备以下功能：

(1) 深度报文解析：OPC、Siemens S7、Modbus 等协议的深度报文解析，支持 OPC 的动态端口，OPC、Siemens S7、Modbus 只读，报文格式检查，完整性检查，支持 OPC 基金会发布的 OPC 3.0 规范。

(2) 白名单功能：基于白名单的访问控制策略。

（3）防火墙网络层管理：网关采用状态检测防火墙的机制实现相应的安全控制；支持对 MAC\IP\端口\日期\TCP 或 UDP 进行限制（通过、阻断、通过并记录三种模式）。

（4）支持对 Syn Flood、Ping of Death、Ping Flood、UDP Flood、Teardrop、Land 攻击 6 种攻击是传统互联网防火墙经常面对的，网关支持对这 6 种攻击进行有针对的防范配置。

（5）支持三种模式：学习、告警、阻断。

简单地说，工业防火墙首先具有传统防火墙的主要功能，另外最突出的一点是内置工业通信协议的过滤模块，支持各种工业协议识别及过滤，弥补商业防火墙不支持工业协议过滤的不足。

习　　题

一、填空题

工业控制网络边界安全防护设备包括（　　　　　）、（　　　　　）、单向隔离设备及企业定制的边界安全防护网关等。

二、思考题

简要说明工业控制防火墙和传统防火墙的区别和联系。

第七章　　工业控制系统信息安全防护建设示例

7.1　电力发电行业工控信息安全现状

能源是现代化的基础和动力，在国务院 2014 年印发的"能源发展战略行动计划（2014－2020 年）"中提出了我国要加快构建清洁、高效、安全、可持续的现代能源体系。电能作为高效、优质、绿色的能源，在社会生活的方方面面起着越来越重要的作用。经过改革开放后三十多年的快速发展，我国电力工业取得了长足进步。在"十二五"期间，我国发电装机规模和电网规模已双双跃居世界第一位。当前电力发电行业、变电站等电力基础设施已离不开工业控制系统及相关的业务管理系统，普遍采用智能仪器仪表设备、基于计算机技术的电力监控系统以及生产管理系统，实现对电网及电力发电行业生产运行过程的智能化管理与控制。然而倘若电力发电行业的控制与管理系统没有很好的安全防护，有如不对潘多拉魔盒加以管控，则必定会对其受控对象——能源过程带来不可预估的后果。本节将具体讲述电力发电行业工业控制系统的信息安全现状与面临的挑战。

我国电力行业信息安全防护工作开展的较早，并保持了持续稳定的发展态势，虽然未发生较大的网络安全事件，保证了电力行业重要信息基础设施的安全、稳定和高效运行，但冷静、客观地分析，并与国际先进水平相比，我国电力行业工控信息安全仍存在不足或欠缺之处。

1. 安全防护标准体系不健全

与国外发达国家工业控制系统安全防护比较，国内的安全防护从标准体系上就不健全。西方少数国家早在 20 世纪 90 年代前后就开始了工业控制系统信息安全的标准化工作，如英国于 1995 年就发布了关于信息安全管理系统的标准 BS 7799。国际标准组织在 BS 7799 标准基础上，制订了信息安全管理体系 ISO/IEC 27000 系列国际标准。美国国家标准与技术研究院从 20 世纪 80 年代开始就陆续发布了一系列信息安全的报告，其中知名的有 NIST SP800 - 82 "工业控制系统（ICS）信息安全指南"等。IEC 基于美国自动化国际学会 ISA 99 系列标准，先后制订了工业控制系统信息安全 IEC 62443 系列标准。

国内针对常规信息系统的信息安全等级保护标准较为系统和全面，但针对工控系统的信息安全标准十分欠缺。当前国内所发布的与工业控制系统信息安全相关的国家标准仅有 2 部，即 GB/T 30976.1 - 2014 "工业控制系统信息安全-第 1 部分：评估规范"和 GB/T 30976.2 - 2014 "工业控制系统信息安全-第 2 部分：验收规范"。具体到能源行业，其针对性的专门信息安全防护标准国内几乎没有。如以火电力发电行业为例，国内尚无专门的信息安全设计标准，当前只是在部分相关标准中少量、分散地提及一些要求而已。如在国家标准《大中型火力发电厂设计规范》GB 50660—2011 中，所涉及的信息安全内容篇幅不到半页纸，仅提到了访问控制、数据恢复、防病毒、防黑客等。

在美国和加拿大，电力行业需遵循 NERC(北美电力可靠性组织)早在 2006 年就已制定的 CIP(关键基础设施防护)标准，化工行业需遵循 CFATS(化学设施反恐标准)标准等。CIP 系列标准包括 CIP - 001"破坏报告"、CIP - 002"信息安全-关键信息系统资产识别"、CIP - 003"信息安全-安全管理控制"、CIP - 004"人员及培训"、CIP - 005"信息安全-电子安全边界"、CIP - 006"信息安全-物理安全"、CIP - 007"信息安全-系统安全管理"、CIP - 008"信息安全-事故报告及响应计划"、CIP - 009"信息安全-关键信息系统资产的恢复计划"、CIP - 010"信息安全-配置变更管理和脆弱性评估"、CIP - 011"信息安全-信息防护"、CIP - 014"物理安全"等。

2. 防护水平不高和发展不平衡

当前，针对工业控制系统的攻击类别层出不穷。SANS 学院发布的 2014 年度针对工业控制系统的顶级威胁分布矢量图。对工业控制系统信息安全的威胁，外部攻击只占其中一部分，而来自内部的威胁不容忽视。但是，国内绝大多数企业的信息防护只注重边界防护，主要采用防火墙、网闸、入侵检测系统、入侵防护系统、恶意软件检测软件等标准安全工具，只达到国际标准所要求的 SL1 级或 SL2 级。一方面，这些防护手段只能提供简单的、低资源、低动因的一般防护，对于由敌对国家或犯罪组织等主导的黑客攻击防护而言则远远不够。例如，跨站脚本(XSS)、路过式(Drive-by)下载、水坑(Watering Holes)、封套/打包等攻击，可利用合法的网站或软件作隐蔽外衣，常常能旁路常规的防护手段，且难以检测其攻击行为。另一方面，边界防护不能对内部威胁进行有效防护，因此还需采取对员工和承包商严格的访问控制、背景检查、监管、鉴别、审计、灵巧密码复位策略等综合防护措施。此外，国内很少关注撒旦(Shodan)搜索引擎，而该引擎可找到几乎所有与互联网相连的设备。如果没有一定强度的防护措施，则与互联网相连的工业控制系统和设备则如皇帝新衣般暴露于光天化日之下，极易受到攻击。

在电力行业的网络与信息安全防护工作方面，还存在严重的发展不平衡现象。由于重视程度及投入差异等诸多原因，电网企业防护水平明显优于发电企业，传统类型发电企业防护水平明显优于新能源类发电企业，电网生产系统防护水平明显优于营销系统等。

3. 核心软硬件产品自主可控水平低下

目前我国重要信息系统的操作系统、数据库、服务器、数据存储设备、网络设备等高度依赖国外产品和技术，其中 96% 的操作系统、94% 的数据库、83% 的服务器、86% 的数据存储设备以及 59% 的网络设备为国外产品(数据来源：工业和信息化部电子科学技术情报研究所研究资源)。由此可见，我国重点行业运营单位的重要信息系统的主要软、硬件中，国外产品占绝对主导地位。而重要工业控制系统中，53% 的数据采集与监控(SCADA)系统、54% 的分布式控制系统(DCS)、99% 的大型可编程控制器(PLC)、92% 的中型可编程控制器(PLC)以及 81% 的小型可编程控制器(PLC)、74% 的组态软件均为国外产品。

自主可控的产品和技术是保障重点行业工业控制系统网络安全的根本。当前我国重要关键设备和基础软件绝大多数采用国外产品，安全基础不牢，受制于人的风险加大。

4. 其他方面

由于国内工业控制安全的发展时间较短和研发投入不足，普遍缺乏针对工业特点的系列齐全的信息安全产品。如满足 2 级、3 级、4 级不同等级保护要求的工业控制操作系统、数据库系统等。由于强调可靠性、成熟度等因素及历史原因，所采用的工业控制设备国外产品居多，安全漏洞扫描查找困难较大。此外，在基层部门，还或多或少存在以下误区或不足：

（1）缺乏风险管控理念，忽视信息安全的总体规划和安全设计；

（2）重信息安全技术措施，轻信息安全管理措施；

（3）重视网络安全，忽视物理安全、应用安全、系统安全等其他方面；

（4）重视边界防护，忽视有效的纵深或深度防护；

（5）重视控制系统防护，忽视现场级智能仪表或设备的接入侧防护；

（6）缺乏对远程访问有效的管控手段；

（7）因匮乏工业级信息防护产品，常将商用信息安全设备用于工业控制系统中。

7.2　电力发电行业面临的信息安全威胁与挑战

7.2.1　电力发电行业面临的信息安全威胁

电力发电行业工业信息系统网络包含了传统的管理信息网络，同时也包含 DCS 和 PLC 等工业控制系统网络。既面临着传统网络的安全风险，也面临工业控制系统安全的风险。为了保证电力发电行业工业信息系统的正常运行，就必须分析工业控制系统和管理信息系统的网路与信息安全面临的安全威胁。通常电力发电行业面临的信息安全威胁主要有以下几类：

1. 主动入侵威胁

电力发电行业工业与信息网络部署有边界路由器和防火墙虽然保障了链路的可用性和来自网络层的攻击，但并不能保证对应用层和可用性的破坏性的攻击和入侵的发生。没有任何入侵检测与对应的防护机制，整个工控环境也极为脆弱。

2. 针对特定工业控制系统的攻击

黑客可能利用病毒木马等手段，通过文件摆渡或其他手段进入工业控制系统，对工业控制系统的控制器发出恶意指令，导致工业控制系统宕机或出现严重的事故。

3. 外部网接入威胁

电力发电行业工业网络还可能面临来自互联网针对电力发电行业工业与信息网络中的信息系统攻击，如：

（1）利用漏洞的远程溢出攻击；

（2）SQL 注入、XSS 跨站脚本、CSRF 跨站伪造请求等攻击；

（3）木马攻击。

目前对外系统不能防止恶意攻击代码、不能进行流量净化和保护数据的安全。被"授权"的内部和未"授权"的远程用户仍可以利用无法察觉的攻击方式尝试窥探、滥用以及其他恶意行为。一旦计算机被攻陷，会造成重大的损失。因此，如何行之有效的对网络中的潜在攻击和非授权访问行为进行实时的检测并做出及时的响应成为了当务之急。

4. 漏洞利用风险

事实证明，99％以上攻击都是利用已公布并有修补措施、但用户未修补的漏洞。操作系统和应用漏洞能够直接威胁数据的完整性和机密性。流行蠕虫的传播通常也依赖于严重的安全漏洞。黑客的主动攻击往往离不开对漏洞的利用。

5. 行为抵赖风险

如何有效监控业务系统访问行为和敏感信息传播，准确掌握网络系统的安全状态，及时发现违反安全策略的事件并实时告警、记录，同时进行安全事件定位分析，事后追查取证，满足合规性审计要求，是迫切需要解决的问题。

7.2.2　电力发电行业面对的信息安全挑战

电力发电行业在向信息化、智能化的发展过程中，对信息安全的要求也越来越高，但是因为其与传统信息安全防护的差异性以及特殊的使用场景，导致基于 IT 系统的安全防护方式和手段无法很好地适用于控制网络环境，电力发电行业控制系统存在着以下挑战或压力。

1. 高稳定性要求带来的系统技术相对陈旧

工业控制系统对系统的稳定性有很高的要求，一般情况下，一套系统建设完成之后，系统内的设备、平台不会轻易地做更新换代，造成当下很多的 DCS 和 PLC 控制系统仍在采用 Windows XP 等操作系统平台；而对于已发现的安全漏洞若无法充分地验证、评估补丁程序对控制系统稳定性的影响，企业也会更倾向于选择不打补丁，不会像个人电脑一样，下载补丁后立刻打上。在这种条件下，如何保障信息系统安全稳定运行，是个很有难度的事情。

2. 高实时性要求带来的防护系统性能挑战

互联网中我们也很强调性能，但跟工业控制系统相比就是小巫见大巫了。工业控制系统对系统的实时响应要求是普通互联网无法比拟的，因此也对各类防护系统提出了更高的性能要求。这造成一系列复杂的、智能化的分析、检测算法都无法满足工业控制系统的安全防护要求，限制了防护方法的应用。

3. 高可靠性要求带来的检测高准确性目标

工业控制系统同时具有高可靠性要求，这样也要求防护系统的分析检测结果要具有明确的确定性，从而造成当前基于模糊匹配、聚类分析等智能算法的入侵检测、计算机免疫等各类模糊检测方法无法应用。

7.3　电力发电行业工控信息安全评估

7.3.1　电力发电行业开展评估可行性分析

我国电力行业二次防护已经对 DCS/PLC/SIS 等生产控制系统网络环境都有了一定安全投入，按照原电监会 5 号令《电力二次系统安全防护规定》要求，都实施了安全分区、网络专用、横向隔离、纵向认证的原则，将电力发电行业网络划分为生产控制大区和管理信息大区两大部分，而生产控制大区又分为生产控制区（定义为安全区 I，DCS 生产控制系统主要置入此区)和非控制区(定义为安全区 II),区域之间,通过访问控制和单向网闸进行隔离。这些措施的实施,在过去的时间里,对保障电力发电行业电力监控系统和电力调度数据网络安全起到了很好的防护作用。但随着计算机和网络技术的发展,特别是信息化与工业化深度融合以及无线网络的快速发展,工业控制系统产品越来越多地采用通用协议、通用硬件和通用软件,以各种方式实现网络互联互通,高度信息化的同时也减弱了控制系统等与外界的隔离,病毒、木马等威胁正在向工业控制系统扩散,我国发电机组发生过因病毒原因导致跳闸或严重异常事件,特别时 2010 年发生的"震网"病毒事件,充分反映出工业控制系统信息安全面临着严峻的形势,如果整个网络中仍然只对网络做一些简单的访问控制和单向网闸,没有更进一步的安全防护和检测措施,则电力发电行业工业控制与信息系统将会面临日益突出的安全问题。因为我国工业控制系统的复杂化、IT 信息化和通用化加剧了系统的安全隐患,潜在的更大威胁是我国工业控制产业综合竞争力不强,嵌入式软件、总线协议、工业控制软件等核心技术受制于国外,还缺乏自主的通信安全、信息安全、安全可靠性测试等标准。工信部发布《关于加强工业控制系统信息安全管理的通知》,要求加强与国计民生紧密相关的多个重点领域内工业控制系统信息安全管理。

保证工业控制系统健康稳定地运行,需要一种有效和切实可行的机制,包括人员、规程和技术。我们需要积极地面对当前的形势,电力发电行业不是真空地带,相对孤立和封闭的也不代表不存在信息安全隐患。所以对电力发电行业的工业控制安全评估是十分有必要的。

7.3.2　电力发电行业典型安全问题

1. 工业控制系统协议及存在的问题

电力发电行业控制系统通信协议是控制设备与应用、设备与设备之间的通信标准,由于当初 IT 技术尚不能完全满足工业自动化实时性和环境适应性等要求,于是各家公司都利用自己掌握的计算机技术开发专有的操作系统和通信协议,后来随着 IT 技术发展,传统自动化技术与 IT 技术加速了融合的进程,工控网络中开始大量采用工业以太网,使用TCP/IP 或 ISO 标准封装后进行传输,使得 IT 技术快速地进入了工业自动化系统的各个层面,但是由于历史的原因,大多数工业控制系统通信协议在设计之初都没有考虑加密、认证等安全问题,导致这些协议很容易被攻击者利用。

2. 生产控制大区控制系统存在的安全隐患

电力发电行业采用了大量的工业控制设备来实现控制的自动化,例如 DCS、PLC 等,这些系统普遍采用了专用的硬件、操作系统和通信协议,又存在于较为封闭的网络环境中,因此往往疏于防护,存在着诸多的安全隐患。

1) SIS 系统与电力发电行业 DCS 或 PLC 之间 OPC 通信安全隐患

电力发电行业 SIS 系统和 DCS 或 PLC 之间的连接作为过程控制网络与企业信息网络的接口部位通常采用 OPC 通信,是两个系统的边界点,存在遭受来自企业信息层病毒感染的风险。虽然 SIS 系统和 DCS 或 PLC 之间采用传统防火墙隔离,部分恶意程序不能直接攻击到控制网络,SIS 接口机也考虑了双网卡配置,但对于能够利用 Windows 系统漏洞的网络蠕虫及病毒等,这种配置没有多大作用,病毒还是会在 SIS 系统和控制网之间互相传播。安装杀毒软件可以对部分病毒或攻击有所抑制,但病毒库存在滞后问题,所以不能从根本上进行防护。

2）DCS 或 PLC 系统各个控制站之间的互相感染隐患

DCS 或 PLC 的工程师站、操作员站、DPU 控制器（大部分控制系统 DPU 都是采用基于 Linux 或 Windows 的实时多任务操作系统）都在同一个网络中，一般与上层数采网无隔离防护，如果仅仅从管理角度，采取通过规章制度限制移动介质接入而减少外部感染，不在网络内部采取有效防护措施的话，控制系统内部控制站之间可能会相互感染，甚至导致系统停运。

3）控制系统厂商的维护接入带来的安全隐患

如果控制系统厂商使用的维护设备自身遭受病毒攻击，在维护过程中，维护设备与控制系统直接相连，就会间接导致病毒扩散到控制系统中，存在一定的安全隐患。

4）APC 先控站的潜在风险

先进控制近些年在电力发电行业应用越来越普及，先控站一般为独立于 DCS 等控制系统的第三方设备，利用 OPC 等协议与控制系统通信，在项目实施和后期维护中需频繁使用 U 盘、笔记本电脑等外置设备，并且是在整个控制系统在线运行情况下实施，存在较高的安全隐患。

5）控制系统与第三方系统连接

随着电力发电行业 SIS 系统、辅控网络、DCS 等互连成为可能或必须，而 OPC 已成为主要连接方式，控制系统本身如果感染病毒或遭到攻击，可能会对与之连接的控制系统造成影响或危害。

根据上述安全分析，结合电力发电行业的实际生产经验，梳理了电力发电行业控制系统网络的常见安全问题，如表 7-1 所示。

表 7-1　电力发电行业控制系统网络常见安全隐患

序号	事　故	原　因	后　果	严重性	发生概率	风险级别
1	线路故障	现场干扰 线路老化	通信中断 未知安全事故	中	高	中
2	设备故障	现场干扰 仪器老化 软硬件故障	生产数据丢失 未知安全事故	中	高	高
3	病毒感染	恶意网络入侵 病毒扩散 人员误操作	病毒扩散 未知安全事故	高	中	高
4	网路风暴	设备损坏 网络环路 黑客病毒	网络性能下降 网络瘫痪	高	中	高
5	IP 故障	IP 冲突 病毒攻击	不能接入网络	低	低	中

3. 管理信息大区存在的安全隐患

管理信息大区与传统 IT 网络环境类似，主要存在着以下安全问题：

1）非法或越权的数据访问泄漏风险

管理大区网络内承载了与生产经营息息相关的 OA 和电子邮件系统，在缺乏访问控制的前提下很容易受到非法和越权的访问；虽然大多数应用系统都实现了身份认证和授权访问的功能，但是这种控制只体现在应用层，如果远程通过网络层的嗅探或攻击工具（因为在网络层应用服务器与任何一台企业网内的终端都是相通的），有可能会获得上层的身份和口令信息，从而对业务系统进行非法及越权访问，破坏业务的正常运行，或非法获得企业的商业秘密，造成泄露。

2）恶意代码防护与网络攻击问题

网络内的部分终端上安装了防病毒软件，以有效杜绝病毒在网络中的传播，但是随着蠕虫、木马等网络型病毒的出现，单纯依靠终端层面的查杀病毒显现出明显的不足。网络类型病毒的典型特征是，在网络中能够进行大量的扫描，当发现有弱点的主机后快速进行自我复制，并通过网络传播过去，这就使得一旦网络中某个节点（可能是台主机，也可能是服务器）被感染病毒，该病毒能够在网络中传递大量的扫描和嗅探性质的数据包，对网络有限的带宽资源造成损害。

3）VPN 访问安全问题

互联网平台已开展日常办公，如收发邮件，访问企业信息平台等工作，进行相关的业务处理，充分利用了现有的共同网络资源；而互联网的开放性使得此类访问往往面临很多的安全威胁，最为典型的就是终端安全环境不可控性，安全连接身份鉴别的脆弱性，访问控制不严谨问题，数据加密算法的脆弱性等，导致信息被窃听和篡改，破坏正常的业务访问，或者泄露企业的商业秘密，使企业遭受到严重的损失。

4）上网行为管理问题

当前不安全的互联网访问包含了三个层面：

（1）降低工作效率。员工在上班时间内过度使用互联网资源，进行网络游戏、网络视频、网上炒股等活动，导致工作效率下降，影响正常生产业务开展。

（2）不安全的访问。员工故意或无意访问了恶意网站，导致病毒传播，或被植入木马，并对企业信息网络造成威胁。

（3）过度占用资源的访问。员工过度使用 P2P、流媒体等占用带宽资源的应用，严重占用了企业有限的带宽资源，影响其他人员的使用，严重的还将引起网络瘫痪。

以上行为都会对企业信息网络的正常运行带来影响，约束和监督员工访问行为对于企业而言是非常必要的。

5）终端准入控制问题

终端准入控制问题主要包括如下管理层面：

（1）资产管理：自动采集桌面终端和笔记本终端的软件、硬件资产信息，自动发现资产变更。

（2）信息安全检测：自动发现接入到网络中的外来终端，防止外来终端窃取机密文件，能够对内部网络的终端拨号上网或者使用 USB 等行为进行监控，通过上网审计和上网过滤功能防止员工使用外部的邮件服务器收发邮件。

（3）安全漏洞检测：自动检测所有的操作系统漏洞、微软应用系统漏洞，确保桌面系统的安全性。

（4）安全接入控制：对不符合安全规定的终端或者外来终端，限制其接入内部网络或者限制其访问重要服务器和网络资源。

（5）集中式维护：集中式软件分发，包括对应用软件、补丁软件的自动分发和自动安装。

（6）集中式进程管理，包括远程协助、进程监控多种管理模式。

（7）集中式安全设置，包括集中式 Windows 本地安全策略设置。

（8）集中式设备定位，可以依据 IP、MAC、用户名等信息进行快速定位，发现异常的终端等。

6）运维管理问题

随着信息化建设的不断加强，各种多样化的安全产品会随着信息化建设不断更新和补充，那么，最直接的问题就是安全运维的复杂性问题，如繁杂的设备账号密码管理问题、运维人员的交叉管理、防止信息泄密的权限控制问题，安全事件发生后怎么准确定责和事件回放的问题。在日常的技术运维操作中主要有以下操作风险：

（1）操作风险不透明；

（2）误操作导致关键应用服务异常甚至宕机；

（3）违规操作导致敏感信息泄露；

（4）恶意操作导致系统上的敏感数据信息被篡改和破坏；

（5）操作风险不可控；

（6）无法有效监管原厂商和代维厂商的维护操作；

（7）无法有效取证和举证维护过程中出现的问题和责任。

运维操作管理的本质是对于运维操作行为的控制，而采用什么样的方式去控制和控制的力度，决定了管理的高度。只有通过事前的控制（严格授权），事中的监控（实时监控运维人员操作），事后的审计（日志查询和录像回放）才能最大限度地帮助用户降低技术运维操作的风险。

4. 电力发电行业信息安全根源分析

电力发电行业工业控制系统信息安全问题的根源在于，在设计之初，由于资源受限、非面向互联网等原因，为保证实时性和可靠性，系统各层普遍缺乏安全性设计。在缺乏安全架构顶层设计的情况下，技术研究无法形成有效的体系，产品形态目前多集中在网络安全防护层面，特别是对控制系统自身的安全性能提升缺乏长远的规划。电力发电行业工控系统安全根源具体分析如下：

（1）策略与规程脆弱性。策略与规程脆弱性指安全策略或安全规程不健全，包括工业控制系统缺乏安全策略，相关人员缺乏正规安全培训，系统设计阶段没有从体系结构上考虑安全，缺乏有效的管理机制去落实安全制度，对安全状况没有进行审计，没有容灾和应急预案以及配置管理缺失等。

（2）工业控制架构脆弱性。传统工业控制系统更多考虑物理安全、功能安全，系统架构设计只为实现自动化、信息化的控制功能，方便生产和管理，缺乏信息安全考虑和建设。同时系统部署架构种类繁杂,需求特殊,不利于系统升级及漏洞修补。

(3)工业控制平台脆弱性。由于现有的工业控制系统都采用了默认配置,这就使得系统口令、访问控制机制等关键信息很容易被外界所掌握;部分系统设备采用无认证接受指令以及嵌入式系统,存在较多漏洞和潜在后门的可能性较大;另外工业控制系统安装杀毒软件困难也使得工业控制系统很容易遭受病毒木马的感染。

(4)工业控制网络脆弱性。工业控制网络脆弱性指工业控制系统采用的协议种类多且不安全,存在的漏洞较多;而且部分协议采用明文传输或文档公开,信息很容易被窃取、篡改及伪造;同时工业控制网络定义网络边界模糊,区域划分不明,比如存在控制相关的服务并未部署在控制网络内的情况。

7.3.3　电力发电行业信息安全解决方案

1. 电力发电行业安全防护目标

电力发电行业随着网络用户与网络应用不断增多,网络结构与应用越来越复杂,信息安全重要性越来越高,能否及时发现并成功阻止网络黑客的入侵等网络安全威胁,保证计算机网络与信息系统的安全和正常运行,成为一项常抓不懈的重大安全生产问题。因此电力发电行业信息安全目标是为了保障电力发电行业工业信息系统的安全,防范黑客及恶意代码等对电力发电行业的攻击及侵害,特别是抵御集团式攻击,防止电力发电行业监控系统的崩溃或瘫痪,以及由此造成的电力设备事故或电力安全事故(事件)。

电力发电行业信息安全防护的总体原则为"安全分区、网络专用、横向隔离、纵向认证"。安全防护主要针对电力监控系统,即用于监视和控制电力生产及供应过程的、基于计算机及网络技术的业务系统及智能设备,以及作为基础支撑的通信及数据网络等。通过将电力发电行业业务系统根据不同的功能特性划分为不同的安全区域,重点强化边界的安全防护,同时加强区域内部的物理、网络、主机、应用和数据安全,加强安全管理制度、机构、人员、系统建设、系统运维的管理,提高系统整体安全防护能力,保证电力发电行业业务系统及重要数据的安全,提高机组运行可靠性和安全经济性。最终为了达到如下安全目标,其核心包括可用性、完整性、保密性、可控性和不可否认性五个安全目标。

(1)可用性是电力发电行业信息安全关注的核心,电力发电行业工业系统信息安全必须确保所有控制系统部件可用,运行正常及功能正常,同时电力发电行业控制系统的过程是连续的,过程控制系统不能接受意外中断。

(2)完整性是必须确保所有控制系统和管理系统信息的完整性和一致性,包括数据的完整性和系统的完整性。

(3)保密性是确保所有控制系统和管理系统的信息不被泄露给非授权的用户、实体或进程,或供其利用。

(4)可控性是确保电力发电行业控制系统、管理系统及相关信息的传播范围和操作管理可控,防止非法利用信息和信息系统。

(5)不可否认性是信息交换的双方不能否认其在交换过程中发送和接收信息的行为,所有参与者都不可能否认或抵赖曾经完成的操作。

2. 电力发电行业信息安全的特殊性

电力发电行业工业信息系统网络既包含了传统的 IT 管理信息网络。同时也包含 DCS、PLC 等工业控制系统网络。工业控制系统与管理信息系统相比，既有共性又有明显的差异，虽然随着 IT 技术的引入，工业控制系统和 IT 系统的相似度越来越高，但它们追求的侧重点还是有着明显的区别。IT 系统主要以管理数据为目的，工业控制系统则以物理实体控制为目标，两者追求的安全目标优先级也不相同。IT 系统的安全目标优先级是保密性＞完整性＞可用性；而工业控制系统的安全目标优先级则是可用性＞完整性＞保密性。因而，必须客观地分析电力发电行业工业控制系统和管理信息系统的网路与信息安全的异同点，才能有效地进行安全防护。电力发电行业管理信息网络和工业控制网络的主要区别如表 7 - 2 所示。

表 7 - 2　工业控制系统与管理信息系统的区别

序号	特　点	管理信息系统	工业控制系统
1	应用领域	管理系统等商用系统	控制系统等工业领域
2	开放性	完全开放、互联网	相对封闭
3	设备(系统)更新	频繁	不频繁
4	数据保密性要求	高	一般
5	可靠性	一般	非常高
6	实时性	一般	非常高
7	对待病毒	允许	不允许
8	应用数据类型	复杂繁多	简单
9	通信协议	HTTP、SMTP、FTP、SQL…	OPC、Modbus、DP、FF…

电力发电行业管理信息网络与我们传统的 IT 信息网络相同，比较关注数据的保密性，而控制网络对比传统信息网络具有一定的特殊性，具备如下特点：

(1) 非常强调实时 I/O 能力，而非更高的网络安全能力。

(2) 极少安装普通的防病毒软件，即使安装了也难以实时更新病毒库。

(3) 工业控制网络各个子系统之间缺乏有效的隔离。

(4) 不同厂商控制设备采用不同通信协议，大多数为私有协议。

(5) 仪器仪表及控制工程师缺乏应对黑客攻击的警惕性和经验。

根据上述两个不同应用领域网络特点的比较可知，在管理信息网络上运用很成熟的安全技术和理念不能直接应用于工业控制网络，管理信息系统网络的安全需求与工业控制网络的安全需求在某些地方完全不同。举个例子，商业防火墙通常允许该网络内的用户使用 HTTP 浏览因特网，而控制网络则恰恰相反，它的安全性要求明确禁止这一行为。再比如，OPC 是工业通信中最常用的一种标准，但由于 OPC 基于 DCOM 技术，在应用过程中端口在 1024～65535 间不固定使用，这就使得基于端口防护的普通商用防火墙根本无法进行设置。

上述工业网络的这些特点，导致工业网络存在着明显的安全缺陷。因此，需要针对工业控制网络和管理信息网络的特点，同时考虑实际电力发电行业现场具体工况，研究适用于电力发电行业的工业网络与信息安全的解决方案。

3. 电力发电行业信息安全防护需求

1）电力行业需求

信息安全是为其宿主服务的，因此需先对其服务对象——能源行业进行需求分析。按照国家行动计划，能源战略发展方向是绿色、低碳、智能；长期目标主要是保障安全、优化结构和节能减排；重点发展领域有：煤炭清洁高效利用（包括高参数节能环保燃煤发电、整体煤气化联合循环发电等）、新一代核电、分布式能源、先进可再生能源、智能电网、电力发电行业等。煤炭清洁高效利用主要是发展大容量、高参数、节能环保型发电机组，由此带来压力容器与压力管道的数量增多、压力等级提升，从而面临的危险更大。基于核电站已基本不采用工业控制模拟系统，大力推广工业控制系统的数字化，其工业控制系统的信息安全等级要求更高，需求更为急迫。当前电力发电行业、电网的数字化、网络化、智能化发展如火如荼，智能仪表/控制设备、无线传感/控制网络等的大量采用，电力发电行业/电网内 IOT（物联网）、IOS（服务互联网）的推广，正在形成泛在的传感、泛在的计算、泛在的控制，网络边界动态及模糊，信息管控面和量剧增，对信息安全形成更大的挑战。虚拟电力发电行业是电力行业网络化继续向前推进的一个显著代表，是一种新型的发电模式，是分布式发电集控或群控技术的发展。其网络互联主要是通过 LAN、WAN、GPRS、ISDN 或总线系统而实现。所采用的工控系统信息安全应适应虚拟电力发电行业的地域分散性、控制的实时性和可靠性的需求。

在信息安全中，传统的安全目标三角是 C（保密性）、I（完整性）和 A（可用性）。对于 IT 应用，其安全优先级排列顺序为 CIA；对于工控系统，通常认为安全优先顺序应为 AIC。综合能源行业因素，考虑到工控系统的应用对象及其重要性，能源控制系统的网络安全目标不是 CIA，也不是 AIC，而应是 SAIC 四角，即在 CIA 基础上增加 S（安全），且优先级最高。

2）信息安全平台需求

传统的信息安全防护是采用多层、点状的防护机制，如防火墙防护、基于应用的防护、IPS、抗病毒、端点防护等。从安全角度看，上述机制主要是基于状态检测原理，处于分割状态，不能提供完善的防护，如 7 层可见度、基于用户的访问控制等。因此，宜采用具有完整的、高度融合的、防范内外威胁且减小成本的工业控制信息安全平台。选择或构建的新型安全平台必须具有至少以下 9 个方面的能力：

（1）利用威胁防范智能核集成网络和端点安全；

（2）基于应用和用户角色，而不是端口和 IP，对通信进行分类；

（3）支持颗粒度可调的网络分段，如基于角色或任务的访问等；

（4）本质闭锁已知威胁；

（5）检测和预防未知恶意软件的攻击；

（6）阻止对端点的零日攻击；

（7）具有集中管理和报告功能；

（8）支持无线和虚拟技术的安全应用；

（9）强大的 API 和工业标准管理接口。

3）政府管理层面的需求

信息安全是一个多维度、多学科、技术和管理并存、动态发展的综合体。要达到国家等级保护 3 至 5 级(特别是 4 级以上),或国际标准所定义的 SL3 级或 SL4 级信息安全等级,没有国家及政府层面的介入,单凭企业的力量是难以实现的。

在美国,其国土安全部下属的 NCCIC(国家信息安全和通信一体化中心)和专门成立的 ICS – CERT(工业控制系统–信息安全应急响应工作组),核心任务是帮助关键基础设施资产所有者降低相关控制系统和工艺过程的信息安全风险。ICS – CERT 是以天为单位响应每天所发生的信息安全事件,通过与公司网络的连接,覆盖几乎所有的与控制系统环境损害有关的攻击事件。在 2014 年,ICS – CERT 曾对两类针对控制系统的高级威胁作出及时响应:其一为采用水坑式攻击的 Havex;其二为利用控制系统脆弱性,直接控制人机接口的 BlackEnergy。

为了应对日益增多的针对基础设施控制系统的威胁,我国也应成立类似的、专门的能源等基础设施信息安全机构和工作组,从政府层面指导、监督、帮助核心企业应对信息安全风险。

4. 电力发电行业信息安全解决方案

电力发电行业信息安全技术防护方案总体上根据"安全分区、网络专用、横向隔离、纵向认证"的原则,在不大规模改变电力发电行业原有的网络结构的情况下,按照这四个层次的安全需求,部署相应的安全技术防护产品,来对电力发电行业控制网络和管理网络进行安全防护,部署图如图 7 – 1 所示。

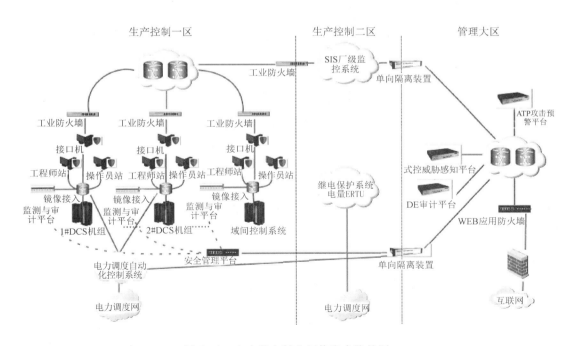

图 7 – 1 电力发电行业网络安全防护图

安全分区是电力发电行业信息安全防护的基础,根据上一章节描述的分区原则以及示例,需要将电力发电行业的生产环境分为生产控制大区和管理信息大区,并根据业务系统的重要性和对一次系统的影响程度将生产控制大区划分为控制区(安全区Ⅰ)及非控制区(安全区Ⅱ),分别连接电力调度数据网的实时子网与非实时子网。

在生产控制大区与管理信息大区之间部署电力专用的横向单向安全隔离装置，在电力发电行业生产控制大区与调度数据网的纵向连接处部署纵向加密认证装置，采用国密办批准的专用密码算法以及电力系统安全防护专家组制定的特有封装格式，在协议IP层实现数据的封装、机密性、完整性和数据源鉴别等安全功能，实现双向身份认证、数据加密和访问控制。除了这些《电力监控系统安全防护规定》所明确要求以外，我们尚需要根据前文分析的安全威胁，对电力发电行业的管理和控制系统进行综合性的安全防护，构建电力发电行业的安全技术防护体系。

7.4　电力发电行业安全评估指标

1. 安全软件选择与管理

在电力发电行业工业主机上采用经过离线环境中充分验证测试的防病毒软件或应用程序白名单软件，只允许经过电力发电企业自身授权和安全评估的软件运行。其安全要求如下：

（1）电力发电企业应在工业主机上安装防病毒软件或应用程序白名单软件，确保有效防护病毒、木马等恶意软件及未授权应用程序和服务的运行；

（2）电力发电企业的工业主机上安装防病毒软件或应用程序白名单软件，应在离线环境中充分验证测试，确保其不会对工业控制系统的正常运行造成影响。

建立防病毒和恶意软件入侵管理机制，对电力发电行业工业控制系统及临时接入的设备采取病毒查杀等安全预防措施。其安全要求如下：

（1）电力发电企业应建立工业控制系统防病毒和恶意软件入侵管理机制，确保该管理机制可有效规范防病毒和恶意软件入侵管理工作；

（2）电力发电企业应定期针对工业控制系统及临时接入的设备开展查杀，并做详细查杀记录。

2. 配置和补丁管理

电力发电企业做好工业控制网络、工业主机和工业控制设备的安全配置，建立工业控制系统配置清单，定期进行配置审计。其安全要求如下：

（1）电力发电企业应做好工业控制网络、工业主机和工业控制设备的安全策略配置，确保工业控制系统相关安全配置的有效性；

（2）电力发电企业应建立工业控制系统安全策略配置清单，确保该清单满足企业工业控制系统安全可靠运行的需要；

（3）电力发电企业应定期自行对工业控制系统配置进行核查审计，避免因调试或其他操作导致配置变更后，未及时更新配置清单。

对重大配置变更制订变更计划并进行影响分析，配置变更实施前进行严格安全测试。其安全要求如下：

（1）电力发电企业应在发生重大配置变更（如重新划分网络）时，制订配置变更计划，进行影响分析，确保该重大配置变更不会引入重大安全风险；

（2）电力发电企业应在配置变更实施前进行严格安全测试，必要时应在离线环境中进行安全验证，以确保配置变更不会影响工业控制系统正常运行。

密切关注重大工控安全漏洞及其补丁发布，及时采取补丁升级措施。在补丁安装前，需对补丁进行严格的安全评估和测试验证。其安全要求如下：

（1）电力发电企业应密切关注重大工控安全相关漏洞和可能影响工控安全的主机软硬件漏洞，及时跟踪补丁发布，并一定时间内（原则上不超过 180 天）及时开展补丁升级或消减措施，确保工业控制系统及时针对已知安全漏洞采取安全防护措施；

（2）电力发电企业应在补丁安装前，针对补丁进行安全评估测试，必要时进行离线评估，确保补丁安装后工业控制系统的正常运行。

3．边界安全防护

分离工业控制系统的开发、测试和生产环境。其安全要求如下：

电力发电企业应针对工业控制系统的开发、测试和生产分别提供独立环境，避免开发、测试环境中的安全风险引入生产系统。

通过工业控制网络边界防护设备对工业控制网络与企业网或互联网之间的边界进行安全防护，禁止没有防护的工业控制网络与互联网连接。其安全要求如下：

（1）电力发电企业应在工业控制网络与企业网边界部署安全防护设备，以避免企业网的安全风险引入工业控制网络；

（2）电力发电企业应禁止没有防护的工业控制网络与互联网连接，以确保互联网的安全风险不被引入工业控制网络。

通过工业防火墙、网闸等防护设备对工业控制网络安全区域之间进行逻辑隔离安全防护。其安全要求如下：

（1）电力发电企业应根据区域重要性和业务需求对工业控制系统网络进行安全区域划分，以确保安全风险的区域隔离；

（2）电力发电企业应采用工业防火墙、网闸等防护设备，对工业控制网络安全区域实施逻辑隔离安全防护。

4．物理和环境

对重要工程师站、数据库、服务器等核心工业控制软、硬件所在区域采取访问控制、视频监控、专人值守等物理安全防护措施。其安全要求如下：

（1）电力发电企业应自行基于重要工程师站、数据库、服务器等核心工业控制软、硬件明确重点物理安全防护区域；

（2）电力发电企业应对重点物理安全防护区域采取物理隔离、访问控制、视频监控、专人值守等物理安全防护措施。

拆除或封闭工业主机上不必要的 USB、光驱、无线等接口。若确需使用，通过主机外设安全管理技术手段实施严格访问控制。其安全要求如下：

（1）电力发电企业应拆除或封闭工业主机上不必要的 USB、光驱、无线等接口，以防止病毒、木马、蠕虫等恶意代码入侵，并避免数据泄露；

（2）在需要使用工业主机外设接口时，电力发电企业应建立主机外设接口管理制度，并通过主机外设安全管理技术手段实施访问控制，以避免未授权的外设终端接入。

5. 身份认证

在工业主机登录、应用服务资源访问、工业云平台访问等过程中使用身份认证管理。对于关键设备、系统和平台的访问采用多因素认证。其安全要求如下：

（1）电力发电企业应在工业主机登录、应用服务资源访问、工业云平台访问等过程中使用身份认证管理技术（如口令密码、USB - key、智能卡、生物指纹、虹膜等），以确保访问过程安全可控；

（2）电力发电企业宜根据自身实际情况，明确关键设备、系统和平台，并在访问过程中，采用两种或两种以上因素认证方式，以避免非法登录等安全隐患。

合理分类设置账户权限，以最小特权原则分配账户权限。其安全要求如下：

（1）电力发电企业应根据不同业务需求、岗位职责等，合理分类设置账户；

（2）电力发电企业应以满足工作要求的最小特权原则来进行系统账户权限分配，降低因事故、错误、篡改等原因造成损失的可能性；

（3）电力发电企业需定期自行审计分配的账户权限是否超出工作需要，确保超出工作需要的账户权限及时调整。

强化工业控制设备、SCADA 软件、工业通信设备等的登录账户及密码，避免使用默认口令或弱口令，定期更新口令。其安全要求如下：

（1）电力发电企业应为工业控制设备、SCADA 软件、工业通信设备等的登录账户设定足够强度的登录密码，采取措施避免使用默认口令或弱口令，并妥善管理，以降低对设备未授权登录和操作的可能性；

（2）电力发电企业应定期更新口令。

加强对身份认证证书信息保护力度，禁止在不同系统和网络环境下共享。其安全要求为：使用时，电力发电企业应确保其身份认证证书传输、存储的安全可靠，避免证书的未授权使用。

6. 远程访问

原则上严格禁止工业控制系统面向互联网开通 HTTP、FTP、Telnet 等高风险通用网络服务。其安全要求为：适用时，电力发电企业应制定规章制度，原则上严格禁止工业控制系统面向互联网开通 HTTP、FTP、Telnet 等高风险通用网络服务。

确需远程访问的，采用数据单向访问控制等策略进行安全加固，对访问时限进行控制，并采用加标锁定策略。其安全要求如下：

（1）电力发电企业应采用数据单向访问控制、VPN、堡垒机等策略对远程访问进行安全加固，确保数据传输安全，避免未授权操作；

（2）电力发电企业应对远程访问进行时限控制，并采用加标锁定策略，确保组织对远程访问的可控性。

确需远程维护的，采用虚拟专用网络（VPN）等远程接入方式进行。其安全要求如下：

（1）适用时，电力发电企业应对远程维护采用虚拟专用网络（VPN）等远程接入方式，以确保远程维护安全可信；

（2）电力发电企业应制定远程接入账户管理制度，规范账户申请、使用、收回等流程。保留工业控制系统的相关访问日志，并对操作过程进行安全审计。其安全要求如下：

（1）电力发电企业应保留工业控制系统相关访问日志（如人员账户、访问时间、操作内容等），并定期进行备份，以确保安全审计的有效开展；

（2）电力发电企业制定审计制度，通过审计相关日志信息，及时发现异常访问行为。

7. 安全监测和应急预案演练

在工业控制网络部署网络安全监测设备，及时发现、报告并处理网络攻击或异常行为。其安全要求为：电力发电企业应部署具备对工业控制系统与网络进行状态监测、日志采集与事件管理、流量采集与行为分析、异常告警及关联分析等功能的网络安全监测设备，及时发现、报告并处理包括设备状态异常、恶意软件传播、异常流量、异常诊断日志、端口扫描、暴力破解等网络攻击或异常行为。

在重要工业控制设备前端部署具备工业协议深度包检测功能的防护设备，限制违法操作。其安全要求如下：

（1）电力发电企业应根据自身情况，明确重要工业控制设备清单；

（2）电力发电企业应在重要工业控制设备前端部署可对所使用的工业控制系统协议进行深度包分析和检测过滤的防护设备，具备检测或阻断不符合协议标准结构的数据包、不符合正常生产业务范围的数据内容等功能，限制违法操作。

制订工业控制安全事件应急响应预案，当遭受安全威胁导致工业控制系统出现异常或故障时，应立即采取紧急防护措施，防止事态扩大，并逐级报送直至属地省级工业和信息化主管部门，同时注意保护现场，以便进行调查取证。其安全要求如下：

（1）电力发电企业应专门制订工业控制安全事件应急响应预案，确保企业正确应对安全事件；

（2）适用时，当电力发电企业工业控制系统因信息安全威胁出现异常或故障时，应按应急响应预案做好应急响应工作，采取紧急防护措施，防止事态扩大，并逐级报送直至属地省级工业和信息化主管部门，同时注意保护现场，以便进行调查取证。

定期对工业控制系统的应急响应预案进行演练，必要时对应急响应预案进行修订。其安全要求如下：

（1）电力发电企业应定期组织工业控制系统相关人员开展应急响应预案演练，确保安全事件发生时应急预案被有效执行；

（2）电力发电企业应根据实际情况对应急响应预案进行评审和修订，确保应急响应预案的适宜性。

8. 资产安全

建设工业控制系统资产清单，明确资产责任人，以及资产使用及处置规则。其安全要求如下：

（1）电力发电企业应建立工业控制系统资产清单（包括软件资产、硬件资产、数据资产等），确保工业控制系统资产信息可核查、可追溯；

（2）电力发电企业应明确资产责任人并建立资产使用处置规则，以在资产生命周期内对其进行适当管理。

对关键主机设备、网络设备、控制组件等进行冗余配置。其安全要求如下：

（1）电力发电企业应根据业务需求，制订关键主机设备、网络设备、控制组件清单；

（2）电力发电企业应针对关键主机设备、网络设备、控制组件等进行冗余配置（如双机冷/热备等），确保突发事件（如停电、设备损坏、网络攻击等）不会影响工业控制系统正常运行。

9. 数据安全

对静态存储和动态传输过程中的重要工业数据进行保护，根据风险评估结果对数据信息进行分级分类管理。其安全要求如下：

（1）电力发电企业应明确识别重要工业数据清单（如通过 OPC 采集的生产数据、历史站存储的数据等）；

（2）电力发电企业应对静态存储的重要工业数据进行加密存储或隔离保护，设置访问控制功能，确保静态存储的重要工业数据不被非法访问、删除、修改；

（3）电力发电企业应对动态传输重要工业数据进行加密传输或使用 VPN 等方式进行保护，确保动态传输过程中重要工业数据的安全性；

（4）电力发电企业应根据风险评估结果建立数据分级分类管理制度，确保工业数据的防护方式合理。

定期备份关键业务数据。其安全要求如下：

（1）电力发电企业应建立关键业务数据清单（如生产工艺、生产计划、组态文件、调度管理等数据）；

（2）电力发电企业应对关键业务数据进行定期备份，确保在工业控制系统关键业务数据丢失时可以及时恢复数据；

（3）电力发电企业应定期对所备份的关键业务数据进行恢复测试，确保备份数据的可用性。

对测试数据进行保护。其安全要求如下：

（1）电力发电企业应对测试过程中产生的数据进行保护，以确保企业测试数据的安全；

（2）电力发电企业应避免使用实际生产数据等敏感数据进行测试，在必要情况下，应提供去除所有敏感细节和内容的数据进行测试。

10. 供应链管理

在选择工业控制系统规划、设计、建设、运维或评估等服务商时，优先考虑具备工业控制安全防护经验的企事业单位，以合同等方式明确服务商应承担的信息安全责任和义务。其安全要求如下：

（1）电力发电企业应以合同等方式明确工业控制系统产品和服务提供商承担的信息安全责任和义务，确保提供的产品和服务满足信息安全要求；

（2）电力发电企业在选择工业控制系统规划、设计、建设、运维或评估服务商时，应优先考虑具备工业控制安全防护经验的企事业单位。

以保密协议的方式要求服务商做好保密工作，防范敏感信息外泄。其安全要求为：电力发电企业应与服务商签订保密协议，确保敏感信息不外泄。

11. 责任落实

通过建立工业控制安全管理机制、成立信息安全协调小组等方式，明确工业控制安全管理责任人，落实工业控制安全责任制，部署工业控制安全防护措施。其安全要求如下：

（1）电力发电企业应通过建立工业控制系统安全管理机制，确保工业控制安全管理工作有序开展；

（2）电力发电企业应成立由企业负责人牵头的，信息化、生产管理、设备管理等相关部门组成的信息安全协调小组，负责统筹协调工业控制系统信息安全相关工作；

（3）电力发电企业应在信息安全协调小组指导下，按照管理机制，明确工业控制安全管理责任人，落实工业控制安全责任制，部署工业控制安全防护措施。

习　　题

一、填空题

电力发电行业信息安全技术防护方案总体上根据"（　　　　）、（　　　　）、（　　　　）、（　　　　）"的原则，在不大规模改变电力发电行业原有的网络结构的情况下，按照这四个层次的安全需求，部署相应的安全技术防护产品，来对电力发电行业控制网络和管理网络进行安全防护。

二、思考题

简要说明工业控制系统和管理信息系统的区别。

参 考 文 献

[1] DONALD P C. The Application of Autonomic Computing for the Protection of Industrial Control Systems[M]. Tucson：The University of Arizona，2011.

[2] 国家信息安全标准化"十一五"规划（摘登）[J]. 信息技术与标准化，2007，(07)：4 - 5.

[3] 关于加强工业控制系统信息安全管理的通知[J]. 计算机安全，2012，(01)：2 - 3.

[4] 中华人民共和国国务院. 国务院关于大力推进信息化发展和切实保障信息安全的若干意见 [OL]. htm，2012. http://www.gov.cn/zwgk/2012 - 07/17/content_2184979.

[5] 国家发展和改革委员会高技术产业司. 国家发展改革委办公厅关于组织实施 2012 年国家信息安全专项有关事项的通知（发改办高技［2012］2019 号）［OL］. pdf，2012. http://www.bjpc.gov.cn/tztg/201208/P020120828415567913703.

[6] 国家发展和改革委员会高技术产业司. 国家发展改革委办公厅关于组织实施 2013 年国家信息安全专项有关事项的通知（发改办高技［2013］1965 号）［OL］. htm，2013. http://www.ndrc.gov.cn/zcfb/zcfbtz/2013tz/t20130822_554528.

[7] "工业控制系统深度安全技术"列入科技部发布的"网络空间安全"重点专项 2016 年度项目申报指南[OL]. html，2016. http://www.kongzhi.net/news/detail_156575.

[8] SHIN S，Kwon T，JO GIL YONG，et al. An Experimental Study of Hierarchical Intrusion Detection for Wireless Industrial Sensor Networks[J]. IEEE Transactions on Industrial Informatics，2010，6(4)：744 - 757.

[9] JONES R A，HOROWITZ B. A System-Aware Cyber Securityarchitecture[J]. Systems Engineering，2012，15(2)：225 - 240.

[10] LIU CHENCHING，STEFANOW A. Cyber-Power System Security in a Smart Grid Environment[A]. Proceedings of IEEE PES Innovative Smart Grid Technologies [C]. Washington，USA：IEEE，2012：1 - 3.

[11] BARBOSA R，SADRE R，PRAS A. Towards periodicity based anomaly detection in SACDA networks[A]. Proceedings of the 17th International Conference on Emerging Technologies & Factory Automation[C]. Krakow，Poland：IEEE，2012：1 - 4.

[12] 侯重远，江汉红，芮万智，等. 工业网络流量异常检测的概率主成分分析法[J]. 西安交通大学学报，2012，46(02)：70 - 75.

[13] VLEEMER T，ALVES - FOSS J，MANIC M. Autonomous Rule Creation for Intrusion Detection[A]. Proceedings of IEEE Symposium on Computational Intelligence in Cyber Security [C]. Paris，France：IEEE，2011：1 - 8.

[14] MORRIS T，VAUGHN R，DANDASS Y. A Retrofit Network Intrusion Detection System for Modbus RTU and ASCII Industrial ControlSystems[A]. Proceedings of

the 45th Hawaii International Conference on System Science [C]. Maui, USA: IEEE, 2012: 2338 - 2345.

[15] HONG JUNHO, LIU CHENCHING, GOVINDARASU M. Integrated Anomaly Detection for Cyber Security of the Substations[J]. IEEE Transactions on Smart Grid, 2014, 5(4): 1643 - 1653.

[16] VOLLMER T, MANIC M. Computationally Efficient Neural Network Intrusion Security Awareness[A]. Proceedings of the 2nd International Symposium on Resilient Control Systems[C]. Idaho, USA: IEEE, 2009: 25 - 30.

[17] LINDA O, VOLLMER T, MANIC M. Neural Network based Intrusion Detection System for critical infrastructures[A]. Proceedings of International Joint Conference on Neural Networks[C]. Atlanta, USA: IEEE, 2009: 1827 - 1834.

[18] VOLLMER T, MANIC M. Cyber-Physical System Security with Deceptive Virtual Hosts for Industrial ControlNetworks[J]. IEEE Transactions on Industrial Informatics, 2014, 10(2): 1337 - 1347.

[19] TSANG CHIHO, KWONG S. Multi-Agent Intrusion Detection System in Industrial Network using Ant Colony Clustering Approach and Unsupervised Feature Extraction[A]. Proceedings of International Conference on Industrial Technology [C]. Hong Kong, China: IEEE, 2005: 115 - 120.

[20] GAO WEI, MORRIS T, REAVES B, et al. On SCADA control system command and response injection and intrusion detection[A]. Proceedings of the 5th Annual Anti-Phishing Working Group eCrime Researchers Summit [C]. Dallas, USA: IEEE, 2010: 1 - 9.

[21] KWON Y J, KIM H K, LIM Y H, et al. A Behavior-based Intrusion Detection Technique for Smart Grid Infrastructure[A]. Proceedings on the Power Tech Conference [C]. Eindhoven, Holland: IEEE, 2015: 1 - 6.

[22] HADZIOSMANOVIC D, SIMIONATO L, BOLZONI D, et al. N - Gram against the Machine: On the feasibility of the N - Gram Network Analysis for BinaryProtocols[A]. Proceedings of the 15th International Symposium on Research in Attacks, Intrusions, and Defenses [C]. Amsterdam, Holland: Springer Berlin Heidelberg, 2012: 354 - 373.

[23] BARBOSA R, PRAS A. Intrusion Detection in SCADA Networks[A]. Proceedings of the 4th International Confetence on Autonomous Infrastructure, Management and Security[C]. Zurich, Switzerland: Springer Berlin Heidelberg, 2010: 163 - 166.

[24] CARCANO A, FOVINO I N, MASERA M, et al. State-based Network Intrusion Detection Systems for SCADA Protocols: a proof of concept [A]. Proceedings of the 4th International Workshop on Critical Information Infrastructures Security [C]. Bonn, Germany: Springer Berlin Heidelberg, 2010: 138 - 150.

[25] PARVANIA M, KOUTSANDRIA G, MUTHUKUMARY V, et al. Hybrid Control

Network Intrusion Detection Systems for Automated Power DistributionSystems[A]. Proceedings of the 44th Annual IEEE/IFIP International Conference on Dependable Systems and Networks[C]. Atlanta, USA: IEEE, 2014: 774 - 779.

[26] HONG JUNHO, WU SHINN SHYAN, STEFANOV A. An Intrusion and Defense Testbed in a Cyber-power SystemEnvironment[A]. Proceedings on IEEE Power and Energy Society General Meeting [C]. San Diego, USA: IEEE, 2011: 1 - 5.

[27] ZHOU CHUNJIE, HUANG SHUANG, XIONG NAIXUE, et al. Design and Analysis of Multimodel-Based Anomaly Intrusion Detection Systems in Industrial Process Automation [J]. IEEE Transactions on System, Man, and Cybernetics-Systems, 2015, 45 (10): 1345 - 1360.

[28] SHANG WENLI, LI LIN, WAN MING, et al. Industrial Communication Intrusion Detection Algorithm Based on Improved One-class SVM [A]. Proceedings of 2015 World Congress on Industrial Control System Security[C]. London, UK: IEEE, 2015: 21 - 25.

[29] LIN HUI, SLAGELL A, KALLBARCZYK Z, et al. Semantic Security Analysis of SCADA Networks to Detect Malicious Control Commands in Power Grids [A]. Proceedings of the first ACM Workshop on Smart Energy Grid Security [C]. New York, USA: ACM, 2013: 29 - 34.

[30] HADZIOSMANOVIC D, SOMMER R, ZAMBON E, et al. Through the Eye of the PLC: Semantic Security Monitoring for IndustrialProcesses[A]. Proceedings of the 30th Annual Computer Security Applications Conference[C]. New York, USA: ACM, 2014: 126 - 135.

[31] MITCHELL R, CHEN ING - RAY. Behavior Rule Based Intrusion Detection for Supporting Secure Medical Cyber PhysicalSystems [A]. Proceedings of the 21st International Conference on Computer Communication and Networks [C]. Munich, Germany: IEEE, 2012: 1 - 7.

[32] MITCHELL R, CHEN ING - RAY. Specification Based Intrusion Detection for Unmanned Aircraft Systems[A]. Proceedings of the first ACM MobiHoc Workshop on Airborne Networks and Communications[C]. New York, USA: ACM, 2012: 31 - 36.

[33] MITCHELL R, CHEN ING - RAY. Behavior Rule Based Intrusion Detection Systems for Safety Critical Smart Grid Applications[J]. IEEE Transactions on Smart Grid, 2013, 4(3): 1254 - 1263.

[34] MITCHELL R, CHEN ING - RAY. A Survey of Intrusion Detection Techniques for Cyber Physical Systems[J]. ACM Computing Surveys, 2014, 46(4): 1 - 27.

[35] MITCHELL R, CHEN ING - RAY. Behavior Rule Specification-Based Intrusion Detection for Safety Critical Medical Cyber Physical System [J]. IEEE Transactions on Dependable and Secure Computing, 2015, 12(1): 16 - 30.

[36] OMAN P, PHILIPS M. Intrusion detection and event monitoring in SCADA networks[A]. Proceedings of the 1st Annual IFIP International Conference on Critical Infrastructure Protection[C]. Dartmouth College, Hanover, New Hampshire, USA: Springer, 2008: 161 - 173.

[37] LINDA O, MANIC M, VOLLMER T, et al. Fuzzy Logic Based Anomaly Detection for Embedded Network Security Cyber Sensor[A]. Proceedings of IEEE Symposium on Computational Intelligence in Cyber Security[C]. Paris, France: IEEE, 2011: 202 - 209.

[38] PONOMAREV S, ATKISON T. Industrial Control System Network Intrusion Detection by Telemetry Analysis[J]. IEEE Transactions on Dependable and Secure Computing, 2016, 13(2): 252 - 260.

[39] NARSINGYANI D, KALE O. Optimizing False Positive In Anomaly based Intrusion Detection using Genetic Algorithm [A]. Proceedings of the 3rd International Conference on MOOCs, Innovation and Technology in Education[C]. Amritsar, India: IEEE, 2015: 72 - 77.

[40] DUSSEL P, GEHL C, LASKOV P. Cyber-Critical Infrastructure Protection Using Real-Time Payload-Based Anomaly Detection [A]. Proceedings of the 4th International Workshop On Critical Information Infrastructure Security [C]. Berlin, Germany: Springer Berlin Heidelberg, 2010: 85 - 97.

[41] 王海凤. 工业控制网络的异常检测与防御资源分配研究[D]. 浙江: 浙江大学, 2014.

[42] AMBUSAIDI M, HE X J, NANDA P. Building an intrusion detection system using a filter-based feature selection algorithm[J]. IEEE Transactions on Computers, 2016, PP (99): 1 - 1.

[43] PREARATNE U K, SAMARABANDU J, SIDHU T S. An Intrusion Detection System for IEC61850 Automated Substations [J]. IEEE Transactions on Power Delivery, 2010, 25(4): 2376 - 2383.

[44] SAMDARSHI R, SINHA N, TRIPATHI P. A triple layer intrusion detection system for SCADA security of electric utility[A]. Proceedings on India Conference[C]. New Delhi, India: IEEE, 2015: 1 - 5.

[45] SINGH P, GARG S, KUMAR V. A Testbed for SCADA Cyber Security and Intrusion Detection[A]. Proceedings of International Conference on Cyber Security of Smart Cities, Industrial Control System and Communications [C]. Shanghai, China: IEEE, 2015: 1 - 6.

[46] SRIDHAR S, GOVINDARASU M. Model-based Attack Detection and Mitigation for Automatic Generation Control[J]. IEEE Transactions on Smart Grid, 2014, 5(2): 580 - 591.

[47] 陈冬青, 彭勇, 谢丰. 我国工业控制系统信息安全现状及风险[J]. 中国信息安全, 2012(10): 64 - 70.

[48] LAYTON M. Stuxnet malware is weapon out to destroy Iran's Bushehr Nuclear Plant[R]. Christian Science Monitor，2010.

[49] 胡毅，于东，刘明烈. 工业控制网络的研究现状及发展趋势[J]. 计算机科学，2010，37(1)：23 - 27.

[50] 褚健，王朝辉，苏宏业. 先进控制技术及其产业化[J]. 测控技术，2000，19(8)：1 - 3.

[51] 王玉敏，丁露. 工业控制系统(ICS)概述和与 IT 系统的比较[J]. 中国仪器仪表，2012(2)：37 - 43.

[52] 凌从礼. 工业控制系统脆弱性分析与建模研究[D]. 浙江大学，2013.

[53] 欧阳劲松，丁露. IEC 62443 工控网络与系统信息安全标准综述[J]. 信息技术与标准化，2012(3)：26 - 29.

[54] IEC 62351 标准变电站原型系统关键技术[EB/OL]. http：//smartgrids. ofweek. com/2015 - 07/ART - 290008 - 8900 - 28982452. html，2015.

[55] 工控系统国家标准首次发布[EB/OL]. http：//www. sac. gov. cn/sbgs/mtjj/201412/t20141217_172477. htm，2014.

[56] 陈星，贾卓生. 工业控制网络的信息安全威胁与脆弱性分析与研究[J]. 计算机科学，2012，39(s2)：188 - 190.

[57] 姜伟伟，刘光杰，戴跃伟. 基于 Snort 的 Modbus TCP 工控协议异常数据检测规则设计[J]. 计算机科学，2015，42(11)：212 - 216.

[58] 黄家辉. 基于攻击图的变电站控制系统脆弱性量化分析[D]. 浙江大学，2016.

[59] 姜莹莹，曹谢东，白琳，等. 基于层次分析法的 SCADA 系统安全评价[J]. 物联网技术，2013(12)：71 - 73.

[60] 周小锋，陈秀真. 面向工业控制系统的灰色层次信息安全评估模型[J]. 信息网络安全，2014(1)：15 - 20.

[61] 王华忠，颜秉勇，夏春明. 基于攻击树模型的工业控制系统信息安全分析[J]. 化工自动化及仪表，2013，40(2)：219 - 221.

[62] 黄慧萍，肖世德，孟祥印. 基于攻击树的工业控制系统信息安全风险评估[J]. 计算机应用研究，2015，32(10)：3022 - 3025.

[63] Ten C W，Liu C C，Govindarasu M，Vulnerability Assessment of Cybersecurity for SCADA Systems Using Attack Trees[C]// Power Engineering Society General Meeting. IEEE，2007：1 - 8.

[64] Yang Y L，Wang J T，Xu G A. The Implementation of a Vulnerability Topology Analysis Method for ICS[C]//2016：02032.

[65] 黄家辉，冯冬芹，王虹鉴. 基于攻击图的工控系统脆弱性量化方法[J]. 自动化学报，2016，42(5)：792 - 798.

[66]《工业控制系统安全指南》(NIST - SP800 - 82)[DB/OL]. https：//wenku. baidu. com/view/c929aea980eb6294dd886cb3. html，2015

[67]《工业自动化和控制系统网络安全》国家标准发布[EB/OL]. http：//www. sohu. com/a/116606500_450338，2016

[68] 迟强，罗红，乔向东. 漏洞挖掘分析技术综述[J]. 计算机与信息技术，2009（Z2）：93-95.

[69] 张亚丰，洪征，吴礼发，等. 基于范式语法的工控协议 Fuzzing 测试技术[J]. 计算机应用研究，2016，33（8）：2433-2439.

[70] 孙易安，胡仁豪. 工业控制系统漏洞扫描与挖掘技术研究[J]. 信息安全与技术，2017，8（1）：75-77.

[71] 王欢欢. 工控系统漏洞扫描技术的研究[D]. 北京邮电大学，2015.

[72] 张凤臣. 工业控制设备漏洞检测系统浅析[J]. 科技与创新，2016（24）：106-107.

[73] 杨盛明. 工业控制系统漏洞库设计与实现[J]. 电子质量，2015（12）：56-60.

[74] Rakshit A，Ou X. A host-based security assessment architecture for Industrial Control systems[C]// International Symposium on Resilient Control Systems. IEEE，2010：13-18.

[75] 刘奇旭，张玉清. 基于 Fuzzing 的 TFTP 漏洞挖掘技术[J]. 计算机工程，2007. 33（20）：148-150＋153.

[76] 李伟明，张爱芳，刘建财，等. 网络协议的自动化模糊测试漏洞挖掘方法[J]. 计算机学报，2011，34（2）：242-255.

[77] 向骙，赵波，纪祥敏，等. 一种基于改进 Fuzzing 架构的工业控制设备漏洞挖掘框架[J]. 武汉大学学报（理学版），2013，59（5）：411-415.

[78] 阮涛，钟晨，陈银桃，等. 一种应用于工业控制系统的模糊测试方法[J]. 自动化应用，2015（6）：42-44.

[79] 尚文利，万明，赵剑明，等. 面向工业嵌入式设备的漏洞分析方法研究[J]. 自动化仪表，2015，36（10）：63-67.

[80] 吴波，云雷，金先涛，等. 工业监控组态软件模糊测试方法研究[J]. 电子产品可靠性与环境试验，2016，34（3）：33-38.

[81] Voyiatzis A G，Katsigiannis K，Koubias S. A Modbus/TCP Fuzzer for testing internetworked industrial systems[C]// Emerging Technologies & Factory Automation. IEEE，2015：1-6.

[82] Shapiro R，Bratus S，Rogers E，et al. Identifying Vulnerabilities in SCADA Systems via Fuzz-Testing[M]// Critical Infrastructure Protection V. Springer Berlin Heidelberg，2011：57-72.

[83] Xiong Q，Liu H，Xu Y，et al. A vulnerability detecting method for Modbus-TCP based on smart fuzzing mechanism[C] //IEEE International Conference on Electro/information Technology. IEEE，2015：404-409.

[84] 张亚丰，洪征，吴礼发，等. 基于状态的工控协议 Fuzzing 测试技术[J]. 计算机科学，2017（5）：132-140.

[85] Kim S J，Jo W Y，Shon T. A novel vulnerability analysis approach to generate fuzzing test case in industrial control systems[C]// IEEE Information Technology，Networking，Electronic and Automation Control Conference. IEEE，2016：566-570.

［86］Wang T，Xiong Q，Gao H，et al. Design and Implementation of Fuzzing Technology for OPC Protocol［C］// Ninth International Conference on Intelligent Information Hiding and Multimedia Signal Processing. IEEE Computer Society，2013：424－428.

［87］于长奇. 工控设备漏洞挖掘技术研究［D］. 北京邮电大学，2015.

［88］李舟军，张俊贤，廖湘科，等. 软件安全漏洞检测技术［J］. 计算机学报，2015，38(4)：717－732.